AN ENCYCLOPEDIA OF FANTASTIC FACTS
OUR WORLD IN NUMBERS **ANIMALS**

数字でみる動物図鑑

リチャード・ミード／ウィリアム・ポッター／アンナ・クレイボーン 著
千葉喜久枝 訳

4,830 km
1.8 kg
348 m
3.5 m
52 teeth
2,600 SPECIES
50 tonnes
200 kg
5,000 years
2,900 km
24 eyes
3.7 billion
60 m

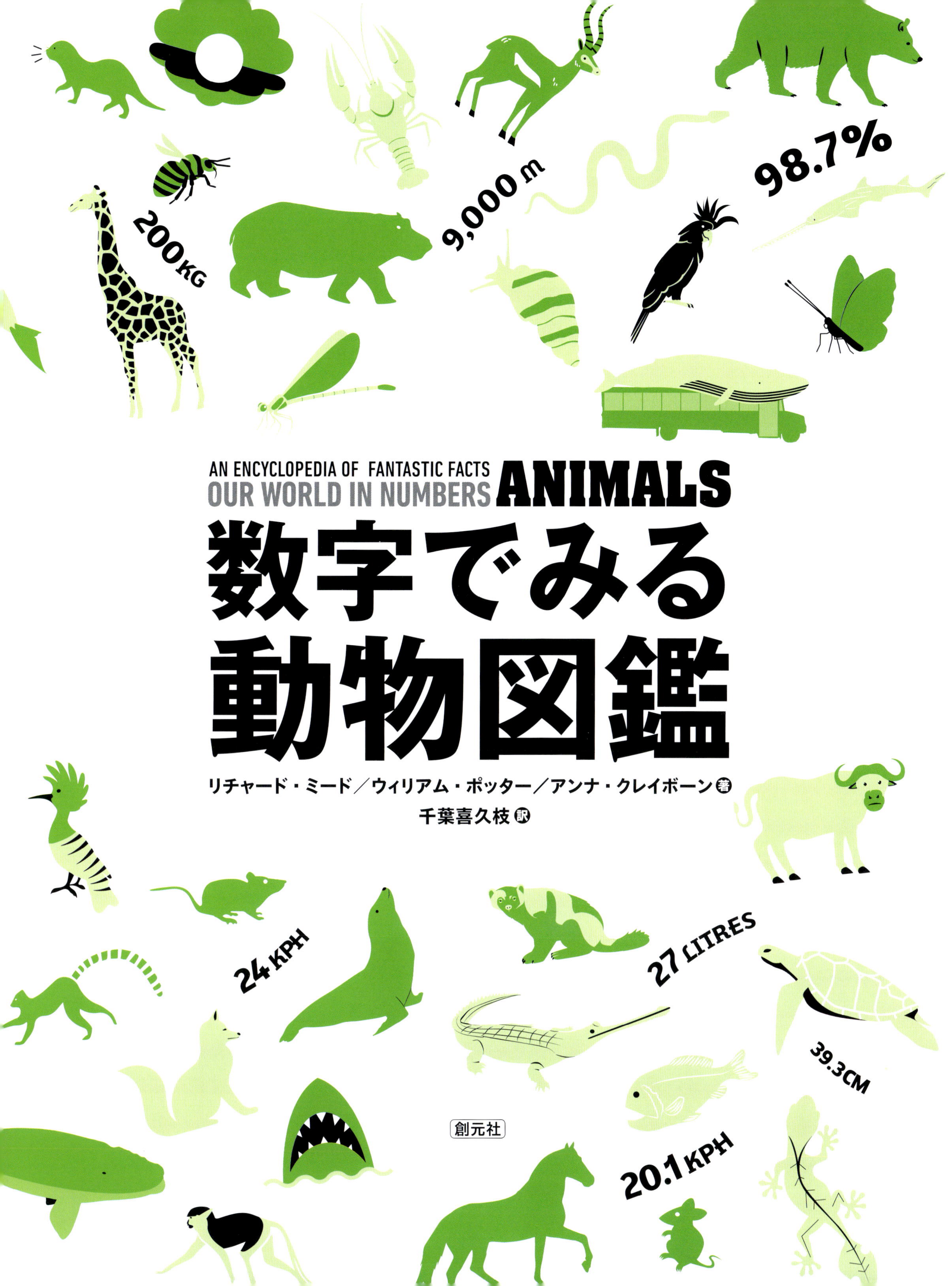

AN ENCYCLOPEDIA OF FANTASTIC FACTS
OUR WORLD IN NUMBERS ANIMALS

数字でみる動物図鑑

リチャード・ミード／ウィリアム・ポッター／アンナ・クレイボーン 著
千葉喜久枝 訳

創元社

CONTENTS

Original Title: Our World in Numbers Animals:
An Encyclopedia of Fantastic Facts

Printed and bound in China

www.dk.com

数字でみる動物図鑑

2025年4月1日第1版第1刷　発行

著　者　リチャード・ミード、ウィリアム・ポッター
　　　　アンナ・クレイボーン
訳　者　千葉喜久枝
発行者　矢部敬一
発行所　株式会社 創元社
https://www.sogensha.co.jp/
本社　〒541-0047 大阪市中央区淡路町4-3-6
Tel.06-6231-9010 Fax.06-6233-3111
東京支店　〒101-0051 東京都千代田区神田神保町1-2田辺ビル
Tel.03-6811-0662
ISBN978-4-422-43062-1 C0345

第3章 両生類と爬虫類 AMPHIBIANS AND REPTILES

カエル……64
トップ10　長寿の両生類……66
サンショウウオとイモリ……68
カメ……70
毒ヘビ……72
コンストリクター（大型ヘビ類）……74
イグアナと近縁種……76
ワニ……78
トップ10　最大級の爬虫類……80
トカゲとヤモリ……82

第4章 鳥類 BIRDS

地上を走る鳥……86
ペンギン……88
キジとヤマウズラ……90
ハト……92
オウムとオオハシ……94
トップ10　長いくちばし……96
ハチドリとアマツバメ……98
カワセミ……100
キツツキ……102
猛禽類……104
フクロウ……106
カモの仲間……108
ガンとハクチョウ……110
コウノトリ、トキ、サギ……112
フラミンゴ……114
海鳥……116
アホウドリ……118
トップ10　渡り鳥の最長移動距離……120
スズメ目……122

第5章 哺乳類 MAMMALS

有袋類……126
アルマジロ、ナマケモノ、アリクイ……128
ハリネズミ、モグラ、テンレック……130
ゾウ……132
トップ10　最大の哺乳類……134
アナウサギ、ノウサギ、ナキウサギ……136
げっ歯類……138
ガラゴ、キツネザル、メガネザル……140
類人猿……142
サル類……144
コウモリ……146
キツネ、コヨーテ、ジャッカル、オオカミ……148
クマ……150
アザラシとセイウチ……152
ネコ科……154
トップ10　最速の陸生哺乳類……156
ビーバーとカワウソ……158
サイ……160
カバ……162
ウマとシマウマ……164
反芻動物……166
イノシシとブタ……168
ラマ、キリン、ラクダ……170
ハクジラ……172
ヒゲクジラ……174
トップ10　長寿の哺乳類……176
スカンク、イタチ、アライグマ……178
単孔類……180
４本脚のペット……182

用語集……184
索引……188
謝辞……192

本書に掲載されている事実や統計は刊行当時のものです。

A world of numbers

数の世界

もし、数という概念がなければ、私たちはどうなっていただろうか？数とは、私たちがまわりの世界を知覚する手段であり、あるものをそれに次ぐものと比べる方法である。この本には、よく知るおなじみの動物と、今までまったく聞いたこともなかった動物に関する数の事実がたくさん載っている。この本を読みとおせば、次に挙げるいくつかの質問や、さらに多くの問いの答えとなる事実を知るだろう。

キツツキがくちばしでつつく速さはどのくらい？

速さ（速度）とは、ある場所から別の場所へ移動するのにかかる時間で、動物で最速のチーターと遅いカメではだいぶ異なる。速さは時速（km/h、kph）や秒速（cm/s）で示される。また速さは、あることが繰り返し起きる度合いとも関係し、1秒や1分あたりの回数で測定される。キツツキが木をつつく速さは、1秒あたりの回数で表される。

ヒトデは1度に卵を何個放出するの？

数を数えることで、ペットや人間の数はもちろん、植物や惑星のようなものまで、ほぼなんでも合計することができる。そしてとほうもなく大きな数や概念について考えるのに役立つ。

両生類の鳴き声の大きさはどのくらい？

音は、物体の振動が空気を伝わって耳に届くことで聞こえる。音の大きさは1秒間の振動数（周波数）を測り、ヘルツ（Hz）で表す。鳴き声の大きさは、距離で表されることもある。

世界一小さな鳥の大きさはどのくらい？

センチメートル（cm）やメートル（m）などは、短い距離や物体の大きさを測定するときに使われる。寸法がわかれば、動物で最大のクジラからごく小さなアリまで、体の長さや身長がどのくらいなのか客観的にわかる。

世界一巨大なヘビの体重はどのくらい？

ある物体や、生きている動物や植物がどれだけの重さがあるかを知るために、私たちはグラム（g）、キログラム（kg）、トン（t）などの単位で重さを測定する。重さがわかれば、大きさがどのくらいかも見当をつけやすくなる。

第1章 無脊椎動物 INVERTEBRATES

Corals and sponges

カイメンとサンゴ

そうは見えないかもしれないが、カイメンとサンゴは動物である。カイメンはきわめて単純な構造の生きもので、体内を通り抜ける水から酸素と栄養を得ている。体は細胞でできており、ちぎれた部分から新たな個体を作ることができる。サンゴは、ポリプと呼ばれるごく小さなやわらかな動物の群体で、1つの場所に固着して石灰質の骨格を形成する。

カイメン類は最古の動物とされる。カイメンの化石は**6～7億年前**のものもある。ある化石は**8億9,000万年前**にさかのぼる可能性がある。

これまで発見された世界最大のカイメンは**ミニバン**ほどの大きさで、長さ**3.5m**、幅**2m**以上ある。

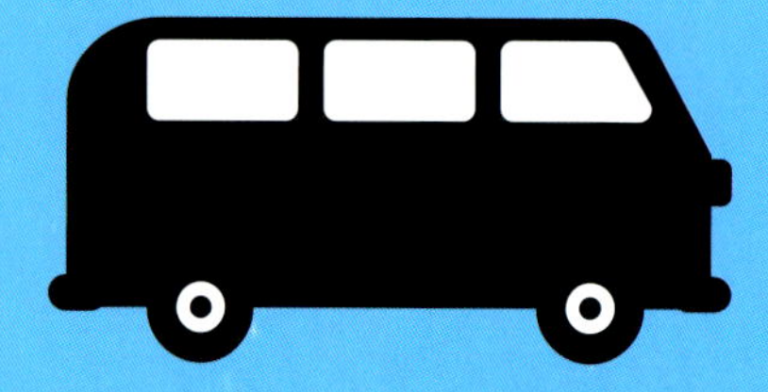

これまで採集された**最重量**のカイメンは、**1909年**にバハマで発見されたウマカイメンである。海水を含んだ重さは**40kg**、**成人男性の体重の半分**に達した。

カイメン類で最大の**普通海綿綱**には、世界の**カイメン種**全体の**90%**に相当する約**7,000種**が含まれる。

ミズガメカイメンは**2,300年**生きることもある。

グレートバリアリーフは生物が作り出した**最大の構造物**である。全長は**2,000km**以上、宇宙からも見える。

凍てつく北極の海域でも、**3,000年前の化石を摂食するカイメン**が発見されている。

サンゴ礁の成長に理想的な浅瀬の温度は**23～29℃**である。

ほとんどのサンゴは
1㎝ほど成長するのに
12ヵ月以上かかるが
ミドリイシ属は
1年で
20㎝伸びることもある。

世界**最小のカイメン**、
エナガアミツボカイメンは
完全な成体でも
3㎜だ。

サンゴ礁の総面積は
60万㎢。
地球表面の
0.1%に
すぎない。

3,000以上の
岩礁と**無数のサンゴ**
からなる
グレートバリアリーフは
およそ**1,800万年前**
に形成された。

2014年から**2017年**までの間に、
海水温の上昇が原因で
3分の1もの**サンゴ礁**が白化し、
死滅することもあった。

カイメンは深海でも**生きられる**。
肉食性カイメンを見るには
潜水艦で水深**8,840m**の
深海に潜る
必要がある。

カイメンは原始的な動物で、**目も口も心臓も肺も脳もない。**

北極海に生息する
キタユウレイクラゲ
（ライオンノタテガミクラゲ）は
クラゲの中で最大だ。
測定された中で最大の個体は
傘の直径が**2.3m**、
触手の長さは**36.5m**、
シロナガスクジラよりも
長かった。

にらむだけで殺せるとしたら……。
毒性の強いハコクラゲは
24個の眼をもつ。

クラゲは体の
約**95％が水**だ。

サカサクラゲは
藻類を**8本**の短い
口腕に抱えている。
逆さまで休むため、
藻類は**成長**に必要な
太陽光を浴びられる。

チチュウカイイボクラゲのドームは最大で直径**35cm**になる。

クラゲの仲間の
ヒドロ虫類に属す
カツオノエボシ
の毒はきわめて強い。
9mの触手１本に
刺胞と呼ばれる
毒針を**75万本**
携えている。

1990年代後半、
黒海は**9億トン**の
クシクラゲで埋め尽くされた。
年間漁獲量の**10倍**以上だ。

ミズクラゲは
定期的に沿岸域で
大量発生する。
日本では**2000年**に
推定
5億8,300万匹
の**クラゲの群集**が
出現した。

Wobbly jellyfish

クラゲ

クラゲは魚類ではなく動物プランクトン、つまり、水の中を漂流する動物である。体の中心に口があり、傘のふちにとげをそなえた触手が並ぶ。ゼリー状の大きな傘を収縮させることで水中を動きまわる。

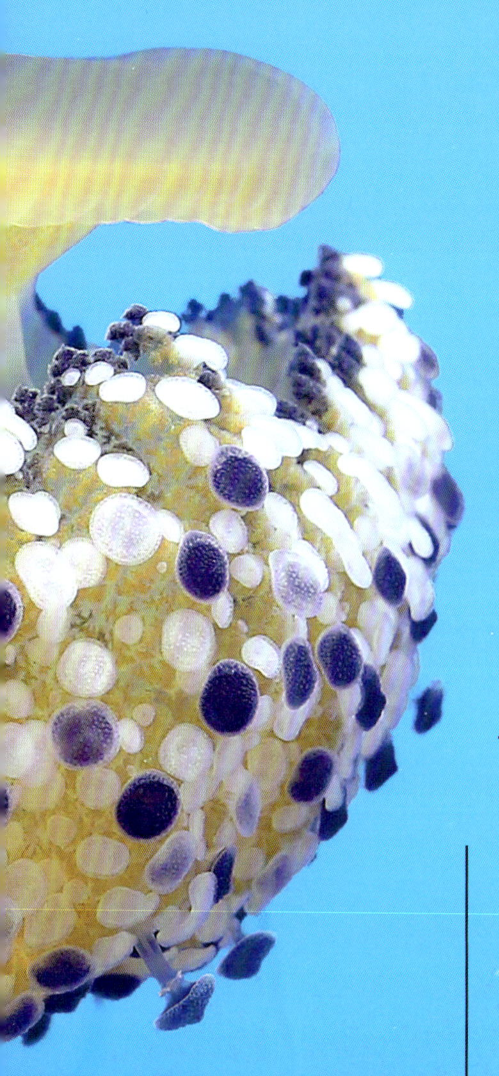

「**不老不死のクラゲ**」と呼ばれるチチュウカイベニクラゲは、少なくとも**10回**、交尾後に**幼生態のポリプへ戻り**若返ることができる。

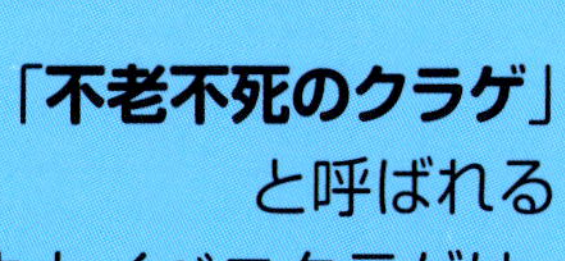

世界**最小**の毒クラゲとされるイルカンジクラゲは、成体でも傘の直径は**25**mmで、**小さな硬貨**ほどだ。

重量級チャンピオン、**エチゼンクラゲ**の重さは**200kg**、**ライオンの成獣と同じくらいだ。**

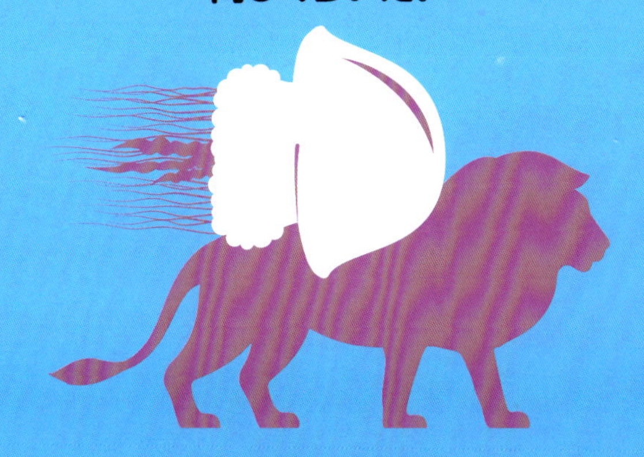

米国のチェサピーク湾では夏に**アトランティックベイネットル**と呼ばれるクラゲが海を満たし、**毎年**平均**50万人**の海水浴客が刺される。

クラゲは5億年以上前から存在している。

米国フロリダ州ボルーシャ郡の海岸ではわずか**15日**で**3,900人**が**クラゲ**に刺された。

パラオの**ジェリーフィッシュレイク**では、**無数の刺さないクラゲ**と一緒に泳ぐことができる。

Squid, cuttlefish, and octopuses

イカとタコ

イカとタコの仲間は頭足類に属し、大きな頭の下から直接足（腕）が生えている。内臓がおさまっている胴体は頭の上にある。タコにはよく発達した長い腕が８本あり、イカは２本の長い触腕を含む10本の腕をもつ。

オウムガイは巻き貝のような殻をもつ頭足類で、最大**90本の触手**をもつこともある。

アカイカはジェット推進力を使って水中から飛び出し、**30m**も滑空することができる。

ダイオウホウズキイカは、**サッカーボールよりも大きな、**直径**27cm**の**眼球**をもつ。

小さな**ヒョウモンダコ**は見た目は美しいが猛毒をもつ。人間が**咬まれると、**わずか**15分**で死ぬこともある。

すべての**頭足類**はディスプレイのために**体の色を変える**ことができるが、**コウイカ**は皮膚にある**1,000万**の色素細胞を使って体色を変化させる。

世界最大の無脊椎動物は**ダイオウホウズキイカ**である。エンペラから腕の先端まで**14m**ほどに成長するが、深海に生息するため、その姿はめったに見られない。

ジュウモンジダコ（ダンボオクトパス）には**ゾウの耳のようなひれ**がある。もっとも深い場所に生息するタコで、水深**7,000m**の超深海でも目撃された。

これまで知られている最小のイカ、パラテウディス・トゥニカタの体長はわずか**1.27cm**、**指の爪**ほどだ。

ミズダコの
8本の腕にはおよそ
2,200個の
吸盤がついている。

タコの母親は捕食者から**卵**を守る。
2015年、モントレー海底谷の深海に
生息するタコによる、
53カ月間
におよぶ抱卵が
最長記録として
登録された。

タコのメスは一度に最大**50万個の卵**を産む。

コウイカは
人間の幼児くらいの
知能がある。
実験では
5まで
数えることが
できた。

コウモリダコは
体に対する眼の大きさが
動物界**最大**だ。
28cmの体長に対し
眼は直径
2.5cmもある。

アメリカ
オオアカイカは
時速24kmで
泳ぐことが
できる。

イカとタコは
心臓が3つある。
2つはえらに血液を送り、
もう1つは内臓に血液を送る。

Extraordinary echinoderms

棘皮動物

ヒトデ、ウニ、ナマコはすべて、棘皮動物と呼ばれる一門に属する。ヒトデは英語で「starfish」とも言うが、背骨がないため、実際には魚類ではない。棘皮動物は淡水や陸地には生息しないため、海でしか目にすることはないだろう。

ヒトデの中には
水深**9,000 m**の砂地に
生息するものもいる。

ヒトデの大きさは
直径
1 cmから
65 cmまで
さまざまだ。

1968年にメキシコ湾で
発見されたヒトデは、
体の幅が
1.38 m
に達した。

ヒマワリヒトデは
最速のヒトデだ。
1分間に
1 m
移動できる。

ヒトデは通常**5本の腕**を
もつが、
ニチリンヒトデのある種は
50本
もある。

ヒトデは地球上の
すべての海に生息する。
およそ
2,000種がいる。

最重量のヒトデ、
オオフトトゲヒトデは、
重さ**6kg**に
達することもある。

比較的大型のヒトデは
水の外でも
28時間生きられる。

ウニは小さな生物だが、
中でもボタンウニの1種は
最小で、直径はわずか
5.5㎜ほどだ。

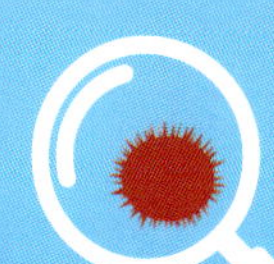

オオイカリナマコなど、
体長**3m**に
成長する
ナマコもいる。

ウニの体には
骨が1本もない。
そのかわり、小さな殻板でできた
貝殻のような構造をしている。

野生に生息するウニは
長生きする。
アメリカオオムラサキウニは
200年生きる個体もいるようだ。

ナマコは捕食者を
驚かすために
内臓を吐き出すが、
2週間で**再生**できる。

ウニの仲間で**最大**の
アメリカオオムラサキウニの
鋭い**とげ**は
7.6㎝に
なることもある。

1匹のヒトデが一度に**250万個もの卵**を放出することがある。

オオシャコガイは**最大の二枚貝**で、ブタと同じくらいの**200kg**以上になることもある。

コダママイマイの6種すべてが絶滅危惧種である。

1995年、カタツムリのアーチーは**33cm「短距離競争」**で**2分**の新記録を出して**優勝**した。

1846年、砂漠に生息するカタツムリの「死骸」2体が標本として大英博物館に寄贈されたが、**4年後**、1体は**生きていることがわかった。**

ホタテには最大で**200個**の小さな目がある。

野生のカキでは**1万に1つ**しか**真珠**が入ってない。

深海の二枚貝は成長がもっとも遅い動物とされる。わずか**8mm**成長するのに**100年**かかると考えられている。

フナクイムシ科の1種、**エントツガイ**は、体長が**1.5m**にもなる**最長の二枚貝**だ。

Bivalves and gastropods

二枚貝類と腹足類

腹足類と二枚貝類は背骨のない軟体動物で水中と陸上に生息する。腹足類の動物は、貝殻のないナメクジやウミウシと、貝殻をもつカタツムリや巻き貝である。貝殻はらせん状のものが多い。二枚貝類にはカキ、アサリ、ムールガイ、ホタテガイが含まれる。ちょうつがいのついた2枚の殻の中に住み、靭帯を使って開閉する。

アフリカマイマイは世界**最大**のカタツムリで、体長**39.3cm**になることもある。

ある巻き貝は岩の中に生えている地衣類に到達するために**石灰岩を食べる**。1匹で年に約**5g**の岩を食べて排出する。

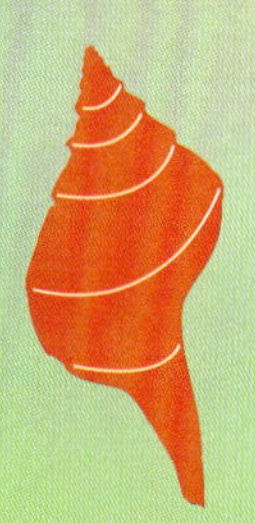

これまで知られている最大の海生腹足類は**アラフラオオニシ**である。**1979年**には殻高**77.2cm**の個体が発見された。

アンボイナガイは、長さ**1cm**の歯舌歯に、人間を**数時間で殺せる**ほど強力な神経**毒**をもつ。

真珠の中には**巨大**なものもある。**1934年**に**オオシャコガイ**の中から発見された**老子の真珠**は人間の頭ほどの大きさで、重さは**6.4kg**あった。

一般的な**ムラサキイガイ**は**足糸**と呼ばれる繊維で岩に**くっつく**。1本の足糸で最大**4.3kg**支える**こと**ができる。

腹足類は生物の中で**2番目に多い**。**6万**を超える**種**がこれまで発見されている。

Cool crustaceans

甲殻類

カニやロブスターからオキアミやフジツボまで、甲殻類にはあらゆる形と大きさのものがそろっている。ほとんどの甲殻類は水中に生息し、外骨格と呼ばれる頑丈な外皮をもつ。成長するにつれ、外骨格におさまらないほど大きくなることもあるため、脱ぎ捨て、新しい外骨格を発達させる。

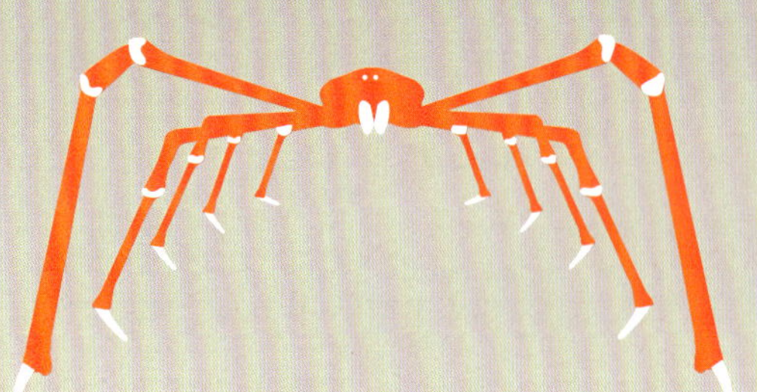

最大の甲殻類は
タカアシガニである。
はさみを広げると
4mにもなり、
シロイルカと
同じくらいだ。

2021年、
1億年前のカニ、
クレタプサラ・アタナタの
死骸が**琥珀**の中から
発見された。

最小の甲殻類は
きわめて小さな
スティゴタントゥルス・ストッキ
である。
体長はわずか
0.09mm、
肉眼で見ることはできない。

フジツボの**最大種**は
ピコロコ
である。
高さ12.7cm、
幅7cmに
達することもある。

アメリカン
ロブスターは甲殻類で
もっとも重い。
大きいもので
20.1kg、
ボウリングの球3個分
ほどの重さがあった。

ロブスターのメスは
卵を3,000個
以上産むことがある。
メスは**卵が孵化する**
まで数ヵ月間
体に抱えている。

ロブスターは脚と
はさみを再生させる
ことができるが、
はさみが**もとの長さに**
戻るまで
5年かかる。

オキアミは食物連鎖で
重要な役割を占める。
シロナガスクジラは
1日に360万匹もの
オキアミを食べる。

オキアミは
幅10kmに
わたる群れを作ることがあり、
宇宙からも見える。

南極海には
700兆匹の
オキアミが生息すると
推定される。

2015年、米国メイン州で
茶とオレンジの2色の
ロブスターが発見された。
もう1匹が見つかる確率は
5,000万分の1だ。

ロブスターは他の甲殻類
よりも**長く生きる。**
平均**寿命**は**20～80年**だが、
100歳を
超える個体が
発見されたことがある。

もっとも動きが速い甲殻類はスナガニだ。1秒で3.4m走ることができる。

タスマニア
オオザリガニは
淡水産の甲殻類で
最大だ。
体重**5kg**、
全長**80cm**に
なることもある。

フジツボなど、
甲殻類の化石は
5億年前に
さかのぼる。

甲殻類はおよそ
7万種いる。
2013年に洞窟に生息する
ムカデエビの1種が
発見されるまで、
有毒種は知られていなかった。

ほとんどの**クモ類**は
8本脚で、
体は2つの部位だけで
構成される。

クジャクグモは体長わずか**4mm**だが、**体長の20倍**以上の距離を跳ぶことができる。

専門家は、
クモ類の**未発見の種は**
50万にのぼる
可能性があると
考える。

クモの糸は
鋼鉄の
5倍の強度がある。

ルブロンオオツチグモの
歩脚を広げた長さは
28cm、
ディナー皿と同じ大きさだ。
もっとも重いクモでもあり、
170gになる。

ほとんどのクモは触覚と
振動感覚に頼っているが、
すぐれた視覚をもつ
ハエトリグモは
8個の眼を使って
狩りをする。

Awesome arachnids

クモ類

節足動物の中できわめて大きなグループを構成しているクモ類に属すクモ、サソリ、ダニ、マダニの仲間は9万8,000種以上いる。このどう猛な生物群のほとんどすべてが捕食者で、多くは獲物を捕らえるか殺すために致死性の毒を用いる。

きわめて小さなクモ、**パトゥ・ディグア**の体長はわずか**0.37㎜**——砂粒の半分だ。

ジャングルスコーピオンは**30匹もの赤ちゃん**を**2週間**背負って育てる。その後子どもたちは自活する。

これまで発見された**最大のクモの巣**は、マダガスカル島の川にかけられた網で、長さは**25m**におよんだ。

ウデムシは6本の脚で横歩きし、**長い2本の前脚**を使って**獲物を探す**。

ベッド1台には、人の**フケやアカを餌にするヒョウヒダニ**が最大**200万匹**いる。

致死毒性をもつ**シドニージョウゴグモ**に咬まれると、成人でもわずか**15分**で死ぬことがある。

マダニは最長**7年**の一生の間に**3回だけ血を吸う**必要がある。

ミズグモは最大**24時間水中**にいることができる——糸で編んだドームの下に閉じ込めた空気の泡を利用する。

マダニのメスは宿主動物の**血を吸っている間**、体が**通常の10倍**の大きさに膨れ上がる。

トップ
10
巨大なクモ

1

巨大アシダカグモ・*Heteropoda maxima*
ラオス・脚の端から端までの最大幅：**30cm**
2001年に初めて発見されたこの巨大なクモは人間の頭よりも大きい。網を張らないかわりにすばやく獲物を狩る。

2 **ルブロンオオツチグモ・*Theraphosa blondi***
南アメリカ北部・脚の端から端までの最大幅：**28cm**
ディナー皿を覆うほど大きなルブロンオオツチグモは、世界でもっとも重いクモで、重さは170gある。

3 **ブラジリアンサーモンピンクバードイーター・*Lasiodora parahybana***
ブラジル・脚の端から端までの最大幅：**25.4cm**
体は茶色で、歩脚と口器にはピンクの毛が生えている。小型の鳥類を食べることもある。

4 **ブラジリアンジャイアントタウニーレッドタランチュラ・*Grammostola anthracina***
ブラジル、ウルグアイ、パラグアイ、アルゼンチン
脚の端から端までの最大幅：**25.4cm**
このタランチュラの第四歩脚は長さが5.8cmで、6.4cmの体と同じくらいある。

5 **フェイスサイズタランチュラ・*Poecilotheria rajaei***
インドとスリランカ・脚の端から端までの最大幅：**20.3cm**
森林破壊が原因で、ときどき、廃墟をすみかにしているこのクモが発見される。自分の体よりも大きなヘビを食べることがある。

6 **キングバブーンスパイダー・*Pelinobius muticus***
タンザニアとケニア・脚の端から端までの最大幅：**20.1cm**
この攻撃的なクモに咬まれると非常に痛い。科学者たちはこの毒を調べて、私たちの体が痛みにどのように反応するか解明し、新たな治療薬を開発しようとしている。

7 **コロンビアンジャイアントレッドレッグタランチュラ・*Megaphobema robustum***
コロンビアとブラジル・脚の端から端までの最大幅：**17.8cm**
用心深いジャイアントレッドレッグタランチュラは脅威を感じると反撃する。後ろ脚にある鋭くとがったとげを使って攻撃した後で獲物を咬む。

8 **ヒヨケムシ**・*Solifugae* order
中東と北アメリカ・脚の端から端までの最大幅：**15cm**
ヒヨケムシの仲間は1,000種以上いる。英名の「ラクダクモ」は、ヒヨケムシがラクダの胃を食べるという迷信に由来する。

8 **ハラクロシボグモ・*Phoneutria fera***
南アメリカ・脚の端から端までの最大幅：**15cm**
このクモに咬まれると死ぬこともある。脅威を感じると、前方の２対の脚を挙げて威嚇し、攻撃態勢に入る。

0 **アシダカグモの１種・*Cerbalus aravaensis***
イスラエルとヨルダン・脚の端から端までの最大幅：**14cm**
夜行性で日中は地中で過ごす。砂を固めてふたのようなはね上げ戸を作り、巣穴の入口を隠す。

ペルビアンジャイアントオオムカデは中央アメリカと南アメリカに生息する世界**最大**のムカデで、体長は**26**cmある。

ムカデには**15〜177対**の脚がある。対の数は必ず**奇数**だ。

現在知られている**ムカデの仲間**は**3,000種**ほどであるが、**未発見**の種は**5,000以上**かもしれない。

ムカデ（百足）の英名も**「100本の脚」**に由来するが、**100本脚**のムカデはいない。

ゲジの脚は孵化したときは**4対8本**だが、**脱皮**ごとに増え、最終的に**15対30本**になる。

これまで**1万種**以上のヤスデが発見されている。

世界最小級の**ムカデ**は体長わずか**10.3**mmしかない。

一生の間に**ムカデのメス**は**150匹**の子を産むことがある。

ムカデは最大で**6年**生きる。

Centipedes and millipedes

ムカデとヤスデ

ヤスデのことを脚の多いムカデと思っているかもしれないが、ヤスデとムカデには多くの相違点がある。ムカデは平たい体の各節に脚が1対ついているが、ヤスデの体は丸みがあり、体の各節についている脚は2対だ。ほとんどのムカデは肉食で、ヤスデは草食が多い。

3億年以上前に生息していた**絶滅種**の**コダイオオヤスデ**、アースロプレウラは体長約**2.6 m**、**体重は大型犬と同じくらい**だった。

2020年に発見された**ヤスデ**のユーミリペス・ペルセポネは脚が**1,306本**ある。これは他のどの種よりも多い。

フサヤスデは体長わずか**1 mm**だが、何百匹も家に侵入すれば住民には大問題だ。

ヤスデは生まれたときは**脚がない**。初めての**脱皮**で最初の**3対の脚**が出てくる。

世界で初めて**水中を泳ぐムカデ**、スコロペンドラ・カタラクタが**2016年**にタイで発見された。体長**20 cm**で**毒**もある。

アフリカオオヤスデは世界**最大**のヤスデで、体長**28 cm**に成長する。

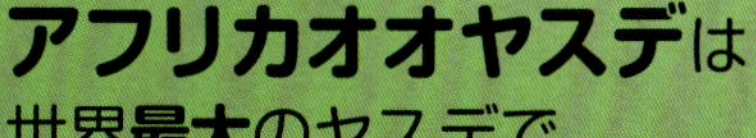

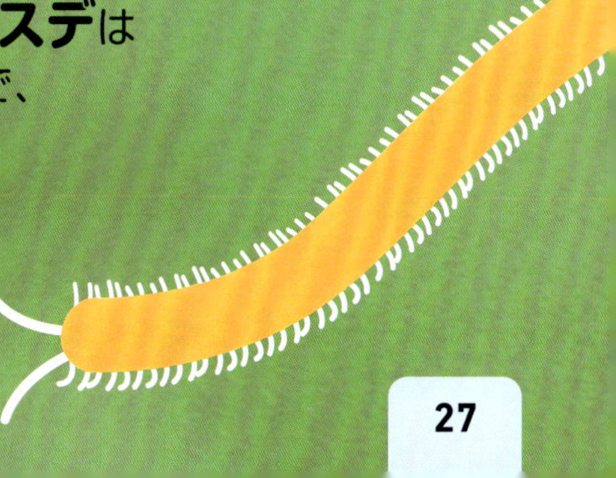

Dragonflies and damselflies

トンボ

トンボの仲間は主に、イトトンボやカワトンボのグループ（均翅亜目）と、アカトンボやヤンマのグループ（不均翅亜目）の２つに分かれる。均翅亜目の眼は離れており、前翅と後翅は同じ大きさで、着地しているときは翅を閉じる。不均翅亜目は前翅より後翅が大きく、翅は開いたままとまる。

トンボに似た
メガネウラは
先史時代最大の
昆虫とされる。
翅を広げた長さ（開張）は
70cmあった。

均翅亜目のトンボは約**2,600種**いる。

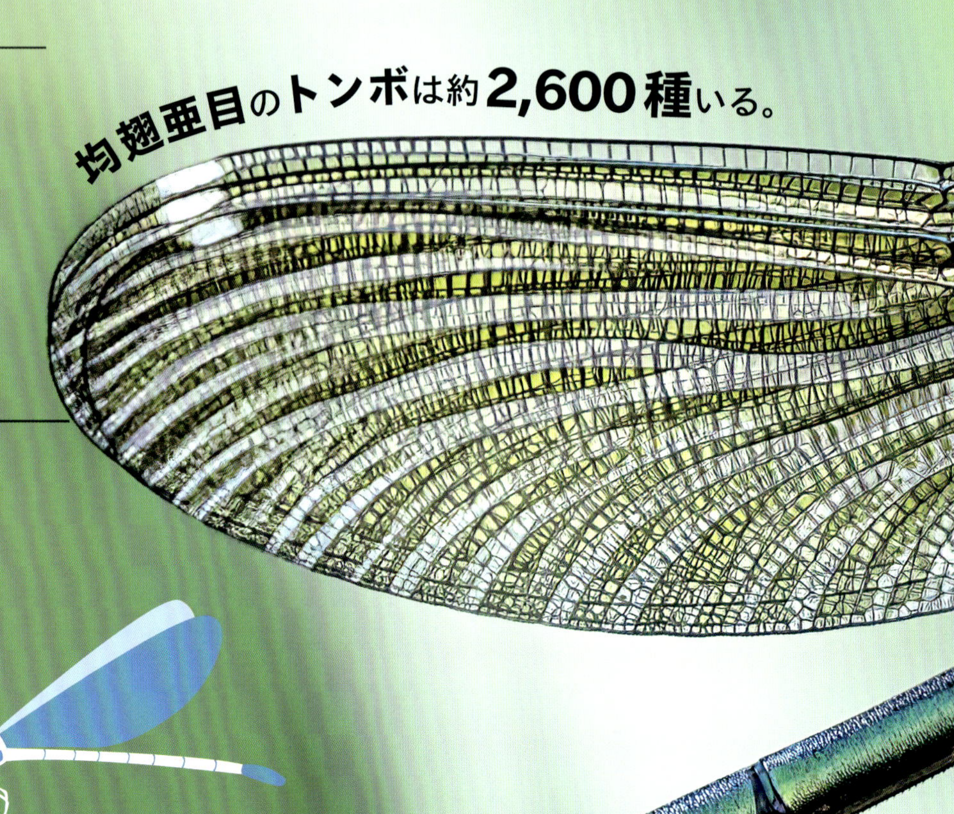

最大のイトトンボは
ハビロイトトンボである。
開張は
19.1cm、
体長は
12cmに
達する。

トンボ類の脳の
80%は
視覚情報の分析に
使われる。

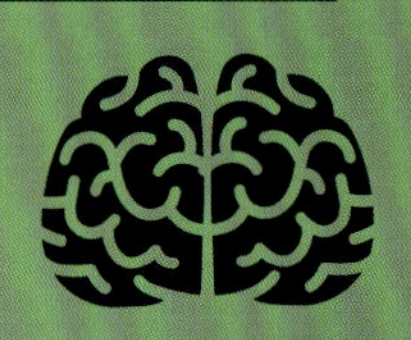

トンボは
体重と同じ重さの餌を
わずか**30分**で食べる。

トンボは
巨大な複眼をもつ。
それぞれの複眼は
およそ
2万8,000の
個眼が集まって
できている。

オオトンボに
似た姿の、
すばやく空を飛ぶ
原トンボ目は
少なくとも
3億2,500万年前に
さかのぼる。

トンボの種の
16%は
絶滅の危機に
瀕している。

ヤンマは大きさでは
負けない。
ほとんどの種は
体長**5cm**
以上ある。

オーストラリアに生息するトンボ、
サザングレートダーナーは
時速58kmの
飛行記録をもつ。

トンボの
脚は**6本**あるが
歩行は不可能だ。
着地しても
すぐに飛び去る。

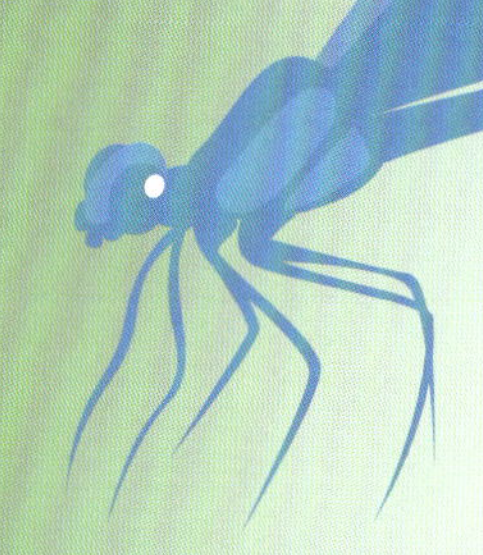

ミャンマー原産の
**アグリオクネミス・
ナイア**は
世界**最小のトンボ**で、
開張は
17.6mmしかない。

トンボには
2対の**透明な翅**がある。
前翅と後翅はそれぞれ
独立して動く。

トンボは**後方へ
飛ぶ**こともできるが、
**前方への飛翔に比べ
33分の1の
速度**しか出せない。

均翅亜目の**トンボ**は
約**3,000種**
いる。

トンボは見事なハンターで、
獲物を捕らえる
成功率は
95%だ。

Brilliant Beetles

甲虫類

甲虫はこれまでに知られている全動物種の約4分の1を占め、南極を除くすべての大陸に分布する。ほとんどの甲虫は完全変態をして成虫になる。主に4つの成長段階がある——卵、幼虫、さなぎ、そして成虫である。

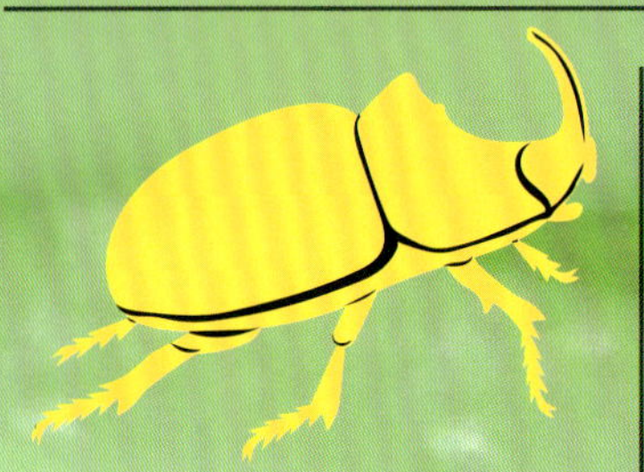

カブトムシは最大の甲虫だ。ツノを含めると体長は**17cm**もある。

甲虫はこれまで**37万種**が記載されている。

ホタルも甲虫の仲間で、約**2,000種**いる。種によりそれぞれ**独自の発光パターン**をもつ。

新種の**昆虫**の**3分の1**は甲虫だ。

もっとも多くの斑点があるテントウムシは**ニジュウヤホシテントウ**である。

世界で**もっとも速く走る**甲虫は**オーストラリアハンミョウ**の1種で、**時速9km**ほどのスピードを出せる。

これまで最古の甲虫化石は**3億年以上前**のものだが、**恐竜の糞**の化石から**2億3,000万年前**に生息していた甲虫の化石が発見された。

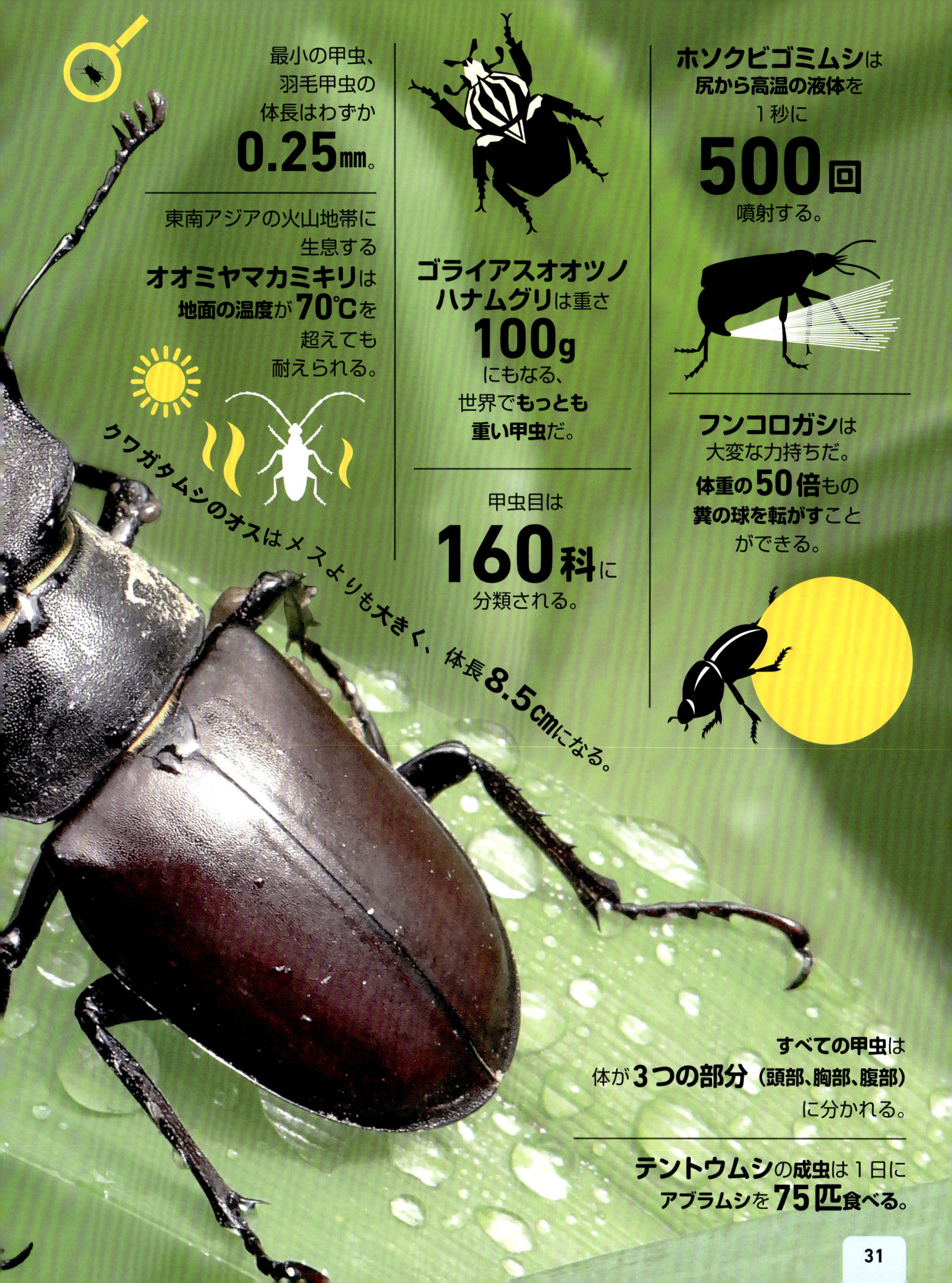

最小の甲虫、
羽毛甲虫の
体長はわずか
0.25㎜。

東南アジアの火山地帯に
生息する
オオミヤマカミキリは
地面の温度が**70℃**を
超えても
耐えられる。

ゴライアスオオツノハナムグリは重さ
100g
にもなる、
世界で**もっとも**
重い甲虫だ。

甲虫目は
160科に
分類される。

ホソクビゴミムシは
尻から高温の液体を
1秒に
500回
噴射する。

フンコロガシは
大変な力持ちだ。
体重の50倍もの
糞の球を転がすこと
ができる。

クワガタムシのオスはメスより**も大きく、体長8.5㎝**になる。

すべての甲虫は
体が**3つの部分（頭部、胸部、腹部）**
に分かれる。

テントウムシの**成虫**は1日に
アブラムシを**75匹食べる。**

世界**最大のチョウ**は絶滅寸前の**アレクサンドラトリバネアゲハ**である。**翅を広げた長さ（開張）**は大きいもので**30cm**にもなる。

カスリタテハは騒々しい音を立てる。**前翅**をカチカチとこすり合わせる音は**30m**先からでも聞こえる。

世界**最小級のチョウ、コビトシジミ**の**開張**は**1.4cm**、重さは**10mg**に満たない。

一度に**1個の卵**しか産まない**チョウ**もいるが、**100個**以上産む種もいる。

毎秋、数百万匹の**オオカバマダラ**が北米からメキシコへ**4,830km**の距離を移動する。

チョウの翅は**2枚ではなく、前翅**1対と**後翅**1対の**4枚**である。

チョウは**羽化**したばかりだと**口吻**が**2つ**に分かれているため、**1本につなげなければならない。**

変温動物の**チョウ**は気温が**12.8℃**以下になると**飛ぶことができない。**

チョウの翅にある鱗粉はそれぞれ**4**色（黄、赤、黒、白）の中のどれかである。他の色は翅に反射する光で作り出される。

世界にはおよそ**1万7,500種**の**チョウ**がいる。

Beautiful Butterflies

チョウ

チョウは驚くべき昆虫だ。人間には見ることのできない紫外線などの色を識別することができる。脚には、どの植物が安全か調べるために味見する特別な受容体が備わっている。チョウには歯も唇もないため、食餌は液体で、管のような口吻から吸う。

チョウの一生は**4つの段階**——卵、幼虫、さなぎ、成虫——を経る。

チョウの多くの種は絶滅の危機にある。パロスヴェルデスブルーは**1994年**に**再発見**されるまで生息個体は**いない**と考えられていた。

岩石の内部で発見された**鱗粉の化石**から、**チョウ類**は少なくとも**2億年前**から地球上に生息していることがわかった。

オオカバマダラは**8カ月間**生きることもある。

チョウが羽ばたく回数は**1秒**におよそ**10回**、**1分**で**600回**だ。

Curious caterpillars

チョウとガの幼虫

イモムシやケムシは見た目が成虫とはだいぶ異なるが、チョウとガの幼生、すなわち赤ちゃんである。卵から孵化すると、絶え間なく食べ続け、成虫に変化する前のさなぎになる準備が整うまで、どんどん大きく成長する。

ほとんどの幼虫には、側単眼と呼ばれる**小さな眼が頭の左右に6個**ずつ、全部で**12個**ある。とはいえ視力はあまりよくない。

成虫のチョウとガと同様、**幼虫も脚は6本**ある。

イラガ科の**ハグモスの幼虫「モンキースラッグ」**は背中に最大**18本の触手**があるため、恐ろしい毛むくじゃらのクモに見える。

幼虫には最大で**10本**の「腹脚」、動きまわるのに役立つ突起状の推進脚が腹部にある。

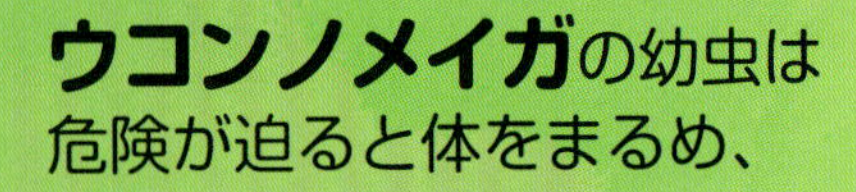

ウコンノメイガの幼虫は危険が迫ると体をまるめ、最高で秒速**40cm**の速さでころころ**転がって逃げる**。

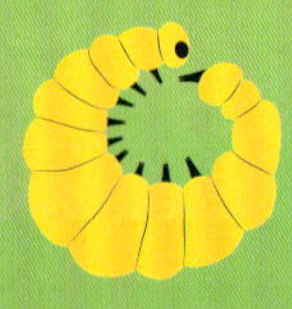

幼虫は**成虫に姿を変える**までに、**もとの大きさの1,000倍**に**成長する**こともある。

幼虫の**99%**は**草食**だが、他の**昆虫**や**カタツムリ、卵を食べる**幼虫もいる。

絹は**カイコガの幼虫**から得られる。
幼虫は**繭**を作るために
最大で**1,500m**
にもなる**長く細い糸を吐く**。

ほとんどの**幼虫**は成長につれ
4、5回脱皮する。

ウラバ・ルーゲンスの
幼虫は最多**13回脱皮**する。
毎回脱皮した頭の殻を
取っておき、
自分の頭の上に
積み重ねる。

ベネズエラヤママユガの幼虫は、
触れた場合**40人に1人は**
死ぬほど**猛毒の毛**で
覆われている。

ホッキョクドクガの**幼虫**は
さなぎになるまで
7年以上過ごす。

イモムシで**最大のヒッコリーホーンド**
デビルは体長**14cm**にもなる。

イモムシや**ケムシ**には
4,000本の**筋肉**があるが**骨は1本もない**。

ギョウレツケムシガの**幼虫**は
120匹以上が**1列**に連なって
行進することがある。

マイマイガの**幼虫**は
吐いた糸に垂れ下がり、
風に乗って移動する。
ときには**1km**以上**飛ぶ**こともある。

吸血ガは
人間や動物の**血**を
50分間も**吸い続ける**。

ナマケモノは
自分の毛皮に
ナマケモノガを
住まわせている——
1頭に最大で
120匹いる。

植物のユッカと**ユッカガ**は
4,000万年間共生関係にある。
ガは**花粉を媒介し**、
種子はガの**幼虫の餌となる**。

キサントパンスズメガは
昆虫界最長の**30㎝**の**口吻**を使って
管状の**ランの花**から**蜜を吸う**。

ガの仲間は
16万種いる
——チョウの種の
9倍だ。

ホウジャクは
毎秒80回羽ばたきをする。
蜜を吸う様はハチドリ
に似ているが、
羽ばたきの速さは本物に
かなわない。

Moths
ガ

ガの大きさは、
開張**3㎜**の
モグリチビガから、
30㎝におよぶ
ナンベイオオヤガまで
さまざまだ。

ガはチョウと同じ鱗翅目（りんしもく）に属す。チョウとガの違いはいくつかある。チョウの触角は細くなめらかで、先端に棍棒状のふくらみがあるが、ガの触角は太く、くし歯状であったり、羽毛状であったり、形はさまざまである。また、ほとんどのガには厚い毛皮のような翅の鱗粉があり、夜行性のものが多い。

イザベラミズアオは海抜2,000mの高山にあるマツ林に生息する。

クロスジヒトリの
オスは**メスを引き寄せる**ため、
腹部にある**4本の巨大な毛深い触手**を膨らませて、自分の**におい**を周囲に漂わせる。

羽毛状の触角はガが
においをかぐのに役立つ。
カイコガと**オオミズアオ**の
オスは触角を使って
10km
離れた場所から
でもメスを検知する。

マイマイガや
ガンマキンウワバなど、
メスが卵を
1,000個
以上産むガもいる。

オオミズアオの成虫
は**餌を食べない**
―相手を見つけて
卵を産むだけだ。
寿命は
7日ほど
しかない。

オーストラリアに
生息する**ボゴンモス**は
洞窟内で**1㎡**あたり
1万7,000匹の
大群で寝る。

5,000年以上も前から
人間は**カイコを飼い**、
繭から糸を紡いできた。

多くのガは長距離を**移動する**が、
中でも**ヨーロッパメンガタスズメ**は
アフリカとヨーロッパの間を
4,000km飛行する。

サスライアリは
2,000万匹
以上の
コロニーを
形成する
こともある。

ほとんどのハチとアリは
眼が5つある。
小さな個眼が集まって
できた大きな**複眼が**
2つと、**小さい単眼が**
3つある。

オナガバチの
1種のメスは、
長さ**10cm**の
巨大な**針**をもっている
ように見える。
だが慌てることはない、
針に見えるのは
卵を産むための
卵管だ。

ホッキョクマルハナバチのコロニーは
北極の短い夏の**3ヵ月間**だけ存在する
—**女王バチ**のみが
9ヵ月間冬眠し、
年間を通して生きる。

女王アリが
30年間
生きる種もある。
世界で**もっとも**
長寿の昆虫だ。

ミツバチは1日に4,000個もの**花**から**蜜を集める**ことができる。

地球上には
少なくとも
2京匹の
働き**アリ**がいると
科学者たちは
推定する。

Bees, wasps, and ants

ハチとアリ

ハチ類とアリ類は、昆虫の中でも甲虫についで数の多い膜翅目(まくしもく)に属し、13万種以上いる。ほとんどのアリと一部のハチは大きな群れやコロニーでともに生活する。彼らは巣や餌を共有し、仕事を分担し、生存のために協力し合う。

アリのコロニーでは、巨大な**女王アリ**がすべての卵を産む——サスライアリの女王アリはひと月に**300万個の卵**を産むことがある。

サシハリアリは昆虫界でもっとも強烈な毒針をもっており、昆虫による刺痛の程度を測る**シュミット指数**で**最強の4+**に評価されている。

ホソハネコバチ科のある種は**最小の昆虫**だ——オスの体長はわずか**0.14**mm。

オーストラリアのタスマニア島で発見された、これまでで**最大のスズメバチの巣**は、長さが**3.7**m、幅は**1.75**mに達した。

世界**最大**のハチ、インドネシア産の**ウォレスズ・ジャイアント・ビー**は最大で体長**4.5**cmにもなり、ミツバチの**4倍**の大きさだ。

2020年、ミャンマーで採取された**琥珀に封じ込められていた昆虫**が、**1億年前**に生息した**スズメバチ**の1種と判明した。

ミツバチは、女王バチに同行して新たなすみかを探すために、**1万5,000匹**以上の群れで飛ぶことがある。

最大の昆虫コロニー

1

アルゼンチンアリ・*Linepithema humile*
西ヨーロッパと南北アメリカ
コロニー内の昆虫の数：**何十億匹**
イタリアからフランスを越えてスペインまで広がる超巨大コロニーには何百万もの巣があり、何十億匹の働きアリがいる。

2

エゾアカヤマアリ・*Formica yessensis*
ほとんどの大陸・コロニー内の昆虫の数：**1億5,000万匹**
北海道の石狩海岸では、かつて4万5,000個の巣が連結し、3億匹以上の働きアリが住む巨大なコロニーを形成していた。

3

サバクトビバッタ・*Schistocerca gregaria*
アフリカ、中東、アジア・コロニー内の昆虫の数：**8,000万匹**
バッタは群居せず孤独に生きることもあるが、群れると密集した大群をなす。

4

サスライアリ・*Dorylinae*
ほとんどの大陸・コロニー内の昆虫の数：**1,000万匹**
サスライアリは、探索アリが見つけた食料供給源を襲撃するために巣を離れるときには、巣に戻る道をたどれるよう化学物質を分泌する。

5

ハキリアリ・*Atta/Acromyrmex*
中央と南アメリカ・コロニー内の昆虫の数：**800万匹**
この驚くべき昆虫は、地中深くに巣を建設するために、葉を切り取って運ぶ。巣には1,000以上の部屋があり、端から端まで160mにおよぶ広さがある。

6

キノコシロアリ・*Macrotermitinae*
アフリカと東南アジア・コロニー内の昆虫の数：**200万匹**
巨大なコロニーで群れをなし、膨大な量の土と水を移動して高さ5mにもなる円錐形の巣を建設する。

7

アフリカ化ミツバチ・*Apis mellifera scutellata*
アフリカと南北アメリカ・コロニー内の昆虫の数：**80万匹**
アフリカミツバチとヨーロッパミツバチの交雑種であるアフリカ化ミツバチは殺人ミツバチとも呼ばれ、巣を守るために大群で飛びまわる。

8

ヒアリ・*Solenopsis invicta*
南アメリカと北アメリカ・コロニー内の昆虫の数：**50万匹**
働きアリは通常約5週間の命だが、女王アリはかわりを補うために1日に最大で800個の卵を産む。

9

ヨーロッパクロスズメバチ・*Vespula germanica*
ほとんどの大陸・コロニー内の昆虫の数：**10万匹**
バケツ大の巣には1万5,000匹ほどの働きバチがいるが、もっと古くて大きな巣には10万匹以上のスズメバチが住む。

10

マリーナミカタアリ・*Dolichoderus mariae*
北アメリカ・コロニー内の昆虫の数：**7万5,000匹**
アメリカ在来のこのアリは、夏になると巣を2個から60個ほどまで大きくし、地上の道で連結する。

Flies and mosquitoes
ハエとカ

ハエの仲間は昆虫の中でも数が多く、イエバエやキンバエ、ガガンボ、アブ、ミバエ、カ、小さなユスリカも含め、12万種以上いる。病原菌を媒介したり、人間や家畜の血を吸ったり、農作物に被害を与える一方で、有機物を分解したり、遺伝学の実験に貢献したり、花に授粉するなど、人間社会と大きくかかわっている。

ハエには
翅が2枚しかないが、
それに加え
舵を取るために
使われる**こぶ状の**
平均棍を2本もつ。

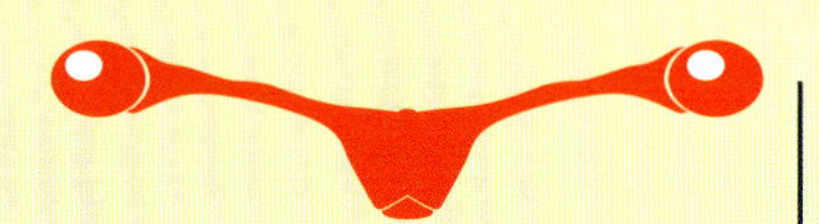

シュモクバエの
左右の眼は**55mm**
離れている——
体長の3倍以上
の長さだ。

ハエは地球上に
2億4,000万年
ほど前から
存在する。

小さな吸血性のヌカカは、
1秒に
1,046回という、
昆虫界**最速の羽ばたき**の
記録をもつ。

カの中には
わずか**7日間**で
寿命が尽きる
種もいる。

イエバエは**糞**や
腐った食物に着地しながら
飛びまわるため、
最大**65**種類の
病原菌をまき散らす
可能性がある。

すべてのハエは
4段階のライフサイクル
——**卵**、**幼虫**（ウジ虫）、
さなぎ、**成虫**——
を経る。

南アフリカ産の
花蜜摂食性の
ハエは、最大で
8cmの
長さにもなる、
ハエ類**最長の吻**
をもつ。

ハエは、人間1人あたり約**1,700万匹**の割合で生息する。

中国産の巨大な
ミカドガガンボの脚を
広げた長さは最大で
25.8cm
——ディナー皿と
同じくらいだ。

1994年、アブの
オスが**時速145km**の
飛行記録を出して
世界**最速の飛翔昆虫**
となった。

近づいてきた人間を
ミバエが見て
ブーンと飛び去るまで
わずか**0.1秒**。

カのメスに
刺されると
0.005ml
の血液を
吸われる。

ハエは、チョコレートの
原料となる**カカオ豆**を含め、
植物の約**30%**に
授粉する。

人間1人の
血液を飲み干すには
100万匹のカが
必要だろう。

第2章 魚類 FISH

Sensational sharks

サメ

サメの仲間は現在553種が知られていて、すべての種が魚雷のような体型で弾力性のある軟骨でできた骨格をもつ。海で最大の魚と、きわめてすぐれた視力と味覚と嗅覚を備えた捕食者もこの中に含まれる。サメの皮膚は楯鱗(じゅんりん)と呼ばれる粗いうろこで覆われており、歯は一生の間に何度も生えかわるため欠けることがない。

世界**最大の魚**は
ジンベエザメである。
最大で**12.6m**
に達し、
バスと同じ長さだ。
だが小さな魚やエビ、
プランクトンだけを食べる。

ジンベエザメには
4,000本の
小さな**歯**がある。
濾過摂食者なので
咬まない。

ニシオンデンザメは
現存する脊椎動物で**もっとも長寿**だ。
400年
生きることもある。

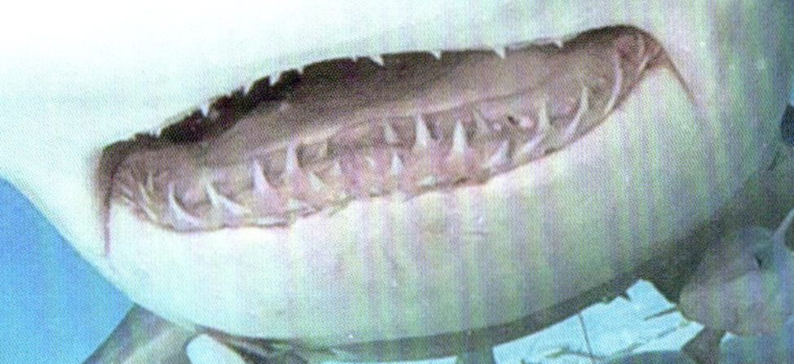

サメは人間をめったに
襲わない。
サメに咬まれる件数は
年平均で
72件にすぎない。

最大の捕食魚は
ホホジロザメである。
これまで**最大の個体**は
体長が
6.4mあった。

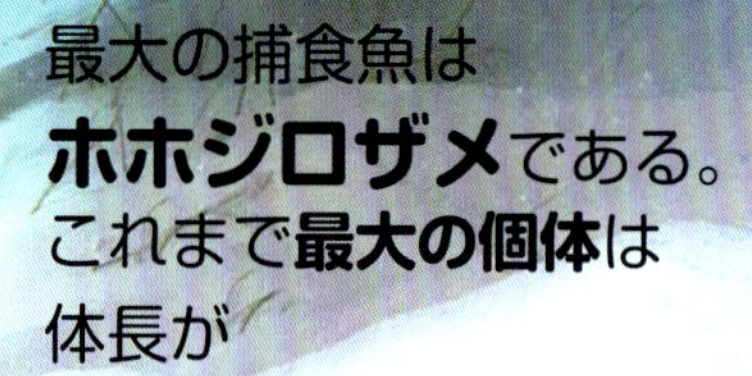

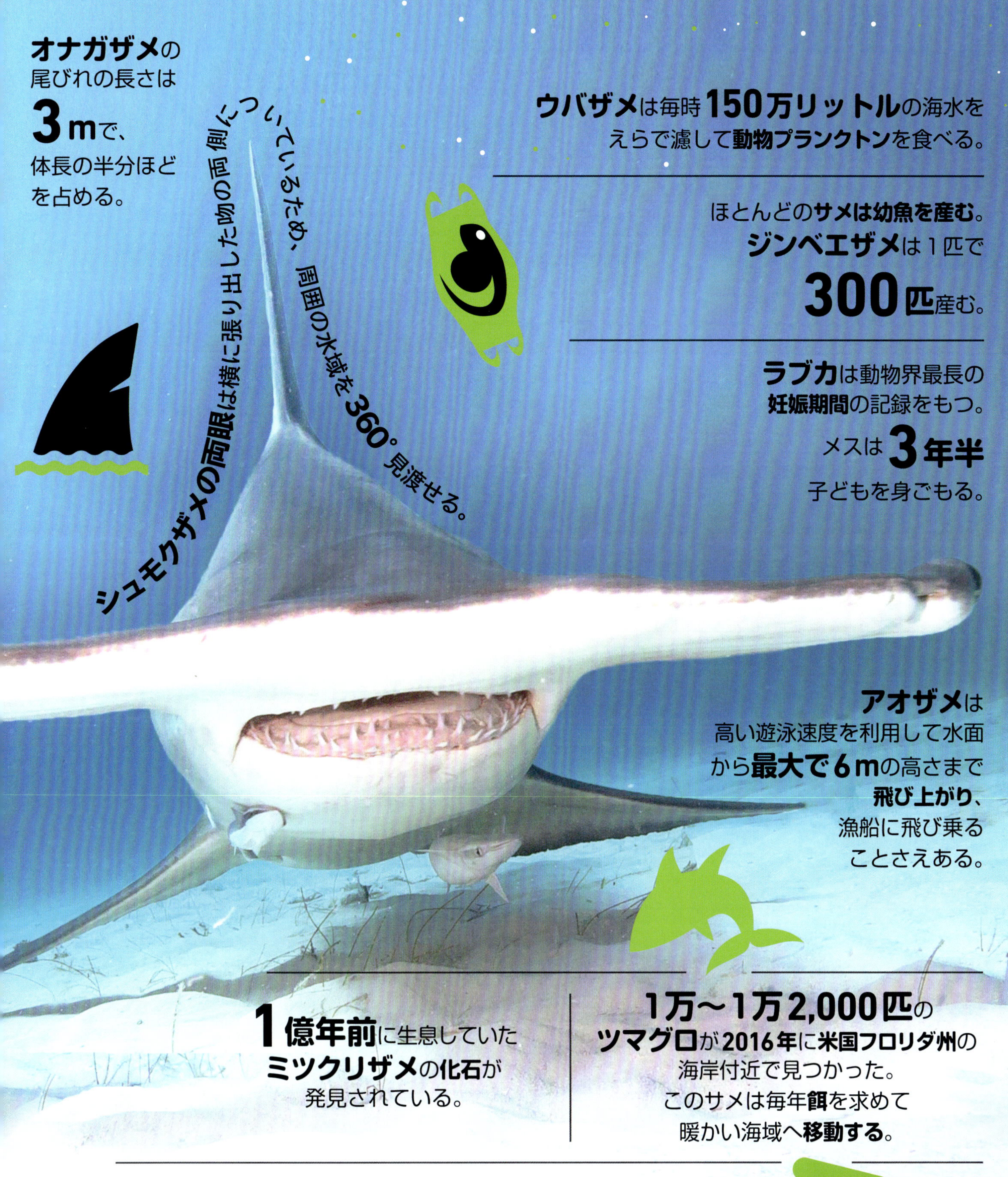

オナガザメの
尾びれの長さは
3 mで、
体長の半分ほど
を占める。

シュモクザメの両眼は横に張り出した吻の両側についているため、周囲の水域を**360°**見渡せる。

ウバザメは毎時**150万リットル**の海水を
えらで濾して**動物プランクトン**を食べる。

ほとんどの**サメは幼魚を産む**。
ジンベエザメは1匹で
300匹産む。

ラブカは動物界最長の
妊娠期間の記録をもつ。
メスは**3年半**
子どもを身ごもる。

アオザメは
高い遊泳速度を利用して水面
から**最大で6 m**の高さまで
飛び上がり、
漁船に飛び乗る
ことさえある。

1億年前に生息していた
ミツクリザメの**化石**が
発見されている。

1万～1万2,000匹の
ツマグロが**2016年**に**米国フロリダ州**の
海岸付近で見つかった。
このサメは毎年**餌**を求めて
暖かい海域へ**移動する**。

ペリーカラスザメは
全長**17.5 cm**にしかならない。
手の平に乗せられるほどだ。

カンボジアのメコン川に生息する**アカエイ（ヒマンチュラ・チャオプラヤ）**は完全に**淡水**で過ごす魚で**最大**だ。

全長**3.98 m**にもなる。

オニイトマキエイ（マンタ）はエイ目の中で最大の種だ。

体盤幅

9.1 mの記録がある。

アンコシビレエイは地球上で**もっとも強力な電場を生成する海水魚**で、

220 ボルト

を放電する。

エイと**ガンギエイ**には**骨が1本もない**。

エイの**骨格**はサメ同様**軟骨でできている**。

エイの仲間は

534 種

いる。

ノコギリエイ科の種はすべて絶滅の危機に瀕している。ラージトゥースソーフィッシュはかつて**75ヵ国**に生息していたが、今では

20ヵ国

に生息するのみだ。

タイワンイトマキエイは水深**2,000 m**の**深海**で**発見**されることがある。

ノコギリエイの中では小型だが、**ヒメノコギリエイ**の体長は

1.4 mある。

マンタのような大型のエイは毎年餌を求めて群れで**移動する**。

1万匹のエイが**1つの群れ**に属すこともある。

Rays and skates

エイとガンギエイ

エイ類とガンギエイ類はともにエイ目と呼ばれる動物のグループに属する。一般に平たい体に沿って端から端までつながった大きなひれが特徴の魚だ。エイもガンギエイも浮き袋をもたないため、海中のさまざまな深さを移動できる。ガンギエイの尾はエイよりも厚いことが多く、エイの尾は細長く、ムチのようだ。

1億5,000万年前にさかのぼる**アカエイ**の化石が発見されている。

マダラトビエイなどのエイは二枚貝やカニの殻を潰すことができる**強力なあご**をもつ。

オニイトマキエイの口は幅が**2.5m**にもなる。

ガンギエイ類は浅い海にも**水深2,700m**以上の深海にもいる。

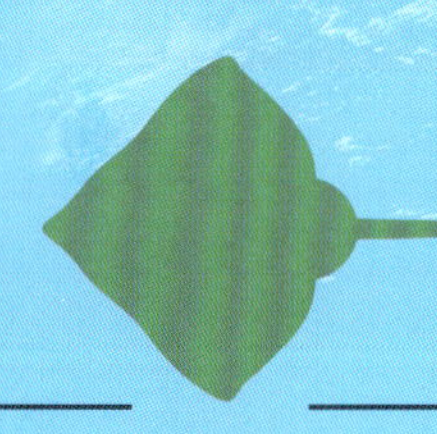

大型のエイは**1日**に**プランクトン**を**30kg**食べることがある。

ガンギエイの胚は「人魚の財布」や「カスベのたばこ入れ」などと呼ばれる卵殻の中で最長**15カ月**かけて成長する。

Saltwater fish

海水魚

海には無数の魚が生息している。そのほとんどは「硬骨魚類」である。つまり、骨格が軟骨でできているサメやエイと異なり、硬骨でできている骨格をもつ。海の中には形も大きさもさまざまな硬骨魚がいるが、中には魚にはとても見えない姿をした魚もいる。

魚類は5億年以上前から地球上に**存在する**——恐竜よりもはるかに古い。

トビウオは海中から飛び出すと、翼のような胸びれで水面上を**最大45秒間滑空**する。

タイセイヨウニシンは**1つの群れ**に**10億匹以上**いることもある。

世界一動きの遅い魚とされる**ドワーフシーホース**は**時速1.5m**でよろよろ進む。

世界最大級の
硬骨魚のマンボウは、
体長3.3m、
体重**2.3トン**にもなる。

イワシは危険を
感じると最大で
直径**20m**の
イワシ玉（ベイト・ボール）を
形成する。

ロウニンアジは
海上**1m**の
高さまで
飛び上がって
海鳥を捕食する。

モンダルマガレイは
周囲の環境に合わせて
体色を3秒で変えることが
できる。

キンムツには
500本以上の
歯がある。

フグと**ハリセンボン**は
水を吸い込んで**もとの体**の
3倍の大きさまで
膨らむ。

先史時代に存在した
魚類のリードシクティスは、
現生魚類よりも大きく、
体長は最大**16.5m**
だった可能性がある。

メカジキ（ソードフィッシュ）は体長の
約**3分の1**を占める
長く平たい上あごを
剣（ソード）のように使って
獲物をしとめる。

海産魚で**もっとも**
漁獲量が多いのは
ペルー産のカタクチイワシである。
人間は**1年あたり**
約5,000億匹とる。

科学者たちはこれまでに
およそ**2万8,000種**の硬骨魚を
発見してきた――その中には
海ではなく川や湖に生息する
種も含まれる。

Deep-sea fish

深海魚

海中深く沈んでいくと、水深600mより下は太陽の光がほとんど届かないため、水は冷たく暗い。その暗闇の中では、奇妙で不思議な姿をしたさまざまな魚を含め、ありとあらゆる種類の一風変わった海の生きものが生息している。

ウナギ型だがウナギ類ではない深海のヌタウナギは、敵を追い払うためにどろりとした粘液を放出する。**5分で20リットルもの粘液**を作ることができる。

海の90%以上は**深海**だ。科学者たちはまだ**発見されていない未知の種**が多く存在すると考える。

マリアナスネイルフィッシュは水深**8.1km**もの超深海でも生きられる。

オニハダカ属の魚は**もっとも個体数が多い**——世界中の海に**数千兆匹**いる。

世界最小の魚は、深海に生息する**ヒカリオニアンコウの1種**、ポトコリヌス・スピニケプスで、オスの成魚の体長は**6.2mm**しかない。

4つ眼のムカシデメニギスの余分な眼は深海で**かすかな光**を**検知する**のに役立つ。

水深**8,000m**では水圧が**地上の800倍**になる。**ゾウ1,600頭がのしかかる**ようなものだ。

深海魚の多くは小型だが、**ヨコヅナイワシ**は体長が**2.5m**ある。

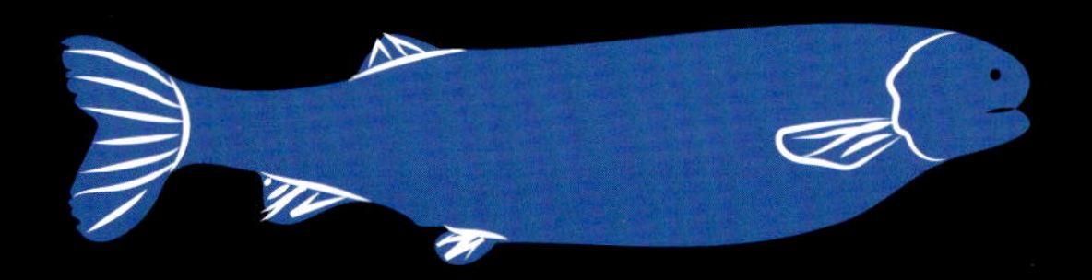

深海のフサアンコウは
ひれを使って
2本足の
ように歩きまわる。

ハナトゲアシロの**脳は**
魚類の中で最小で、
体のわずか**1,000分の1**
しかない。

フクロウナギは**口**を傘のように、
体の5倍近くの
大きさまで
広げることが
できる。

シダアンコウは**最長の**
「誘因突起」――先端が発光して
獲物を引き寄せる長いフィラメント
――をもつ。長いものだと
体長の3倍にもなる。

少なくとも
深海魚の
50%は
発光生物で、
光を放つことができる。

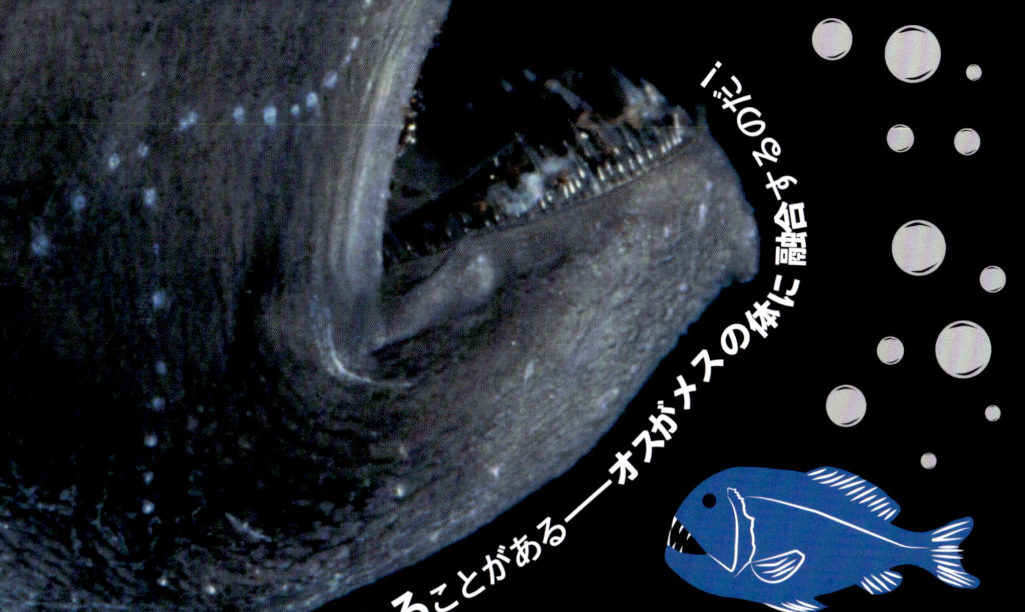

チョウチンアンコウの仲間は交尾すると2匹が**1匹になる**ことがある――**オスがメスの体に融合するのだ!**

恐ろしい顔つきのオニキンメは、
このサイズの魚では**最大の**、
体長の**10分の1**の長さの歯をもつ。

トップ10

最速の魚類

1

バショウカジキ・*Istiophorus platyperus*
大西洋、インド洋、太平洋・最高速度：**時速113km**
最大の力と熱を生み出すのに適した流線形の体と筋肉を備えたバショウカジキは海で最速の捕食者である。

2

カマスサワラ・*Acanthocybium solandri*
大西洋、地中海、インド洋、太平洋・最高速度：**時速96km**
細長い体のカマスサワラは、突然スピードを上げて餌動物である小魚やイカを追いかけて混乱させる。

2

アオザメ・*Isurus oxyrinchus*
大西洋、インド洋、太平洋・最高速度：**時速96km**
短距離ではアオザメがサメの中で一番速い。獲物を追いかけている間、完全に水中から飛び出して高く跳躍することがある。

4

マカジキ・*Tetrapturus audax*
大西洋南東部、インド洋、太平洋・最高速度：**時速80km**
このどう猛な捕食者は驚異的なスピードで魚の群れを追いつめてから、槍のような上あごで攻撃する。

4

シロカジキ・*Makaira indica*
大西洋、地中海、インド洋、太平洋・最高速度：**時速80km**
この高速で泳ぐ魚は、獲物とする他の高速遊泳魚を追いかけ、その長い吻を使って獲物をけちらかして呑み込む。

6

タイセイヨウクロマグロ・*Thunnus thynnus*
大西洋、地中海、太平洋、黒海南部・最高速度：**時速70km**
この巨大な捕食者は他のどの魚よりも高い熱を体内で発生させ、遊泳時に使う力強い筋肉を最高の状態に保つ。

7

ヨシキリザメ・*Prionace glauca*
大西洋、地中海、太平洋・最高速度：**時速69km**
ヨシキリザメは集団で力を合わせて魚の群れを狩り立てる。そしてそのスピードを利用して群れの中に割って入り、口いっぱいに獲物を捕らえる。

8

ソトイワシ・*Albula vulpes*
世界中の温暖な海域・最高速度：**時速64km**
ソトイワシが群れで泳ぐときは同じ速度で泳ぎ、等距離を保つ。

8

メカジキ・*Xiphias gladius*
世界中の温暖な海域・最高速度：**時速64km**
メカジキの長く鋭い吻には２つの役割がある。獲物を切り裂くため、そして体を完全な流線形にするためである。

10

ツマジロトビウオ・*Hirundichthys affinis*
大西洋東部・最大速度：**時速56km**
この魚は泳ぐよりも速く飛ぶことができる。水中から飛び出すと、最大時速72kmで水面上を滑空する。

マンボウは**1回の産卵**で
3億個の卵を
産むことができる。
これはどの魚よりも多い。

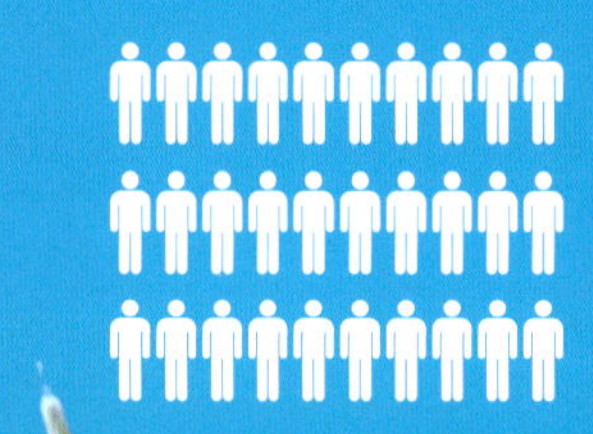

フグの毒は
1匹で**人間**を
30人殺せる
ほど強い。

体長**1.3cm**の
サトミピグミーシーホースから、
体長**35cm**の
ビッグベリーシーホースまで、
タツノオトシゴの
大きさは
さまざまだ。

ネズミフグが膨らんだ姿は、捕食者をびびらせるのに**100%効果的**と言ってもいい。

タツノオトシゴは
およそ**2,500年前**に
独特の立ち泳ぎ法を
身につけたようだ。

ブダイはおよそ
1,000本の歯が
15列に融合して生えており、
常に伸び続ける。

ブダイは
喉にある歯（咽頭歯）を使って、
カバ150頭分の重さに相当する、
481トンもの力で岩をすり潰す。

Tropical fish

熱帯魚

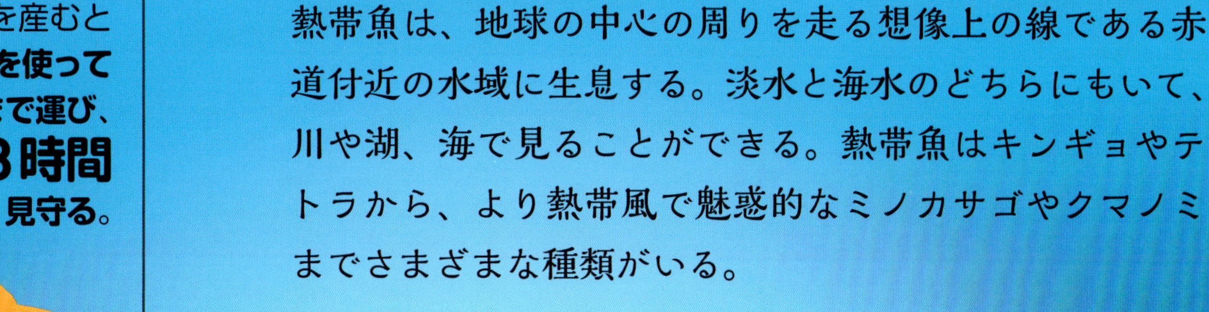

熱帯魚は、地球の中心の周りを走る想像上の線である赤道付近の水域に生息する。淡水と海水のどちらにもいて、川や湖、海で見ることができる。熱帯魚はキンギョやテトラから、より熱帯風で魅惑的なミノカサゴやクマノミまでさまざまな種類がいる。

ベタ・スプレンデンスは、メスが**卵**を産むとオスが**口を使って巣まで運び**、最大**48時間見守る**。

クマノミは生まれたときの**性が1つ**で、全部オスである。成長すると**オスからメスに変わる**ことができる。

色鮮やかな**クマノミ**の仲間は**30種**いる。英名の「クラウンフィッシュ」はなわばりを守るためにおこなうダンスに由来する。

オニダルマオコゼは世界一**危険な魚**である。その**鋭いとげ**で刺されると人間の大人でも**1時間**以内に死ぬことがある。

ブラックピラニアは大きいもので体長が**41.4cm**になる。**咬む力**は同じサイズの**アリゲーターの3倍も強力だ**。

ミノカサゴは2～4匹で協力して**餌動物を取り囲み**、**長くひらひらしたひれ**で獲物を捕らえる。

世界**最小級のフグ**、**アベニーパファー**の体長はわずか**3.5cm**しかない。

植物の大半に存在する**葉緑素**は、**動物**ではただ**1種**、**オオクチホシエソ**の眼に存在しており、深海で**光を認識**するのに役立っている。

世界**最大**の**キンギョ**は**体長**が**47.4cm**に達した。

Polar fish

極地方の魚類

北極と南極の海で生息する魚類は、おなじみのタラから、あまりなじみのないコオリウオやライギョダマシまで、さまざまである。温暖な水域に比べると、極地方に生息する魚の種類は少なく、低温での生活に特別な方法で適応している。

魚の中には卵を守るために巣を作る種がいる。**6,000万個**以上の**カラスコオリウオ**の巣が、南極近くの**氷棚の下**の海底で**240km²**にわたって発見された。

コオリウオには**うろこが1枚もない**。**浮き袋もない**ため、通常は**海底**で生活する。

大西洋に生息する**マスノスケ**は重さ**61.4kg**にもなり、**サケ**の仲間で**もっとも大型**だ。

南極の海に生息する魚類はわずか**300種**ほど、**魚類全種の0.8%**にすぎない。

北極海に
生息する
タイセイヨウオヒョウは
カレイの最大種で、
重さ**318kg**に
なることもある。

クサウオは、
うろこがなく
ゼリー状の柔らかい皮膚を
もつ魚で、
北極海で
水深**1,880m**の
深海に生息する種もいる。

コオリウオの仲間は
16種いる。
不凍液のように
作用する**化学物質が**
血液に含まれている
ため、**極地方の**
海域でも
生き抜ける。

北極海に生息する魚類は
推定で**240種**いる。

オキアミは
コオリカマスの餌の
80〜95%を
占める。

コオリウオは大きいもので体長**50cm**に育つ。

ライギョダマシは
南極最大の魚類で
体長**1.7m**、
重さは**135kg**
にもなる。

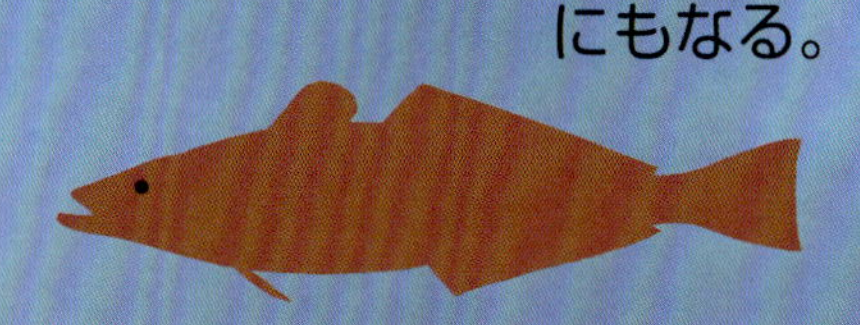

カワヤツメのメスは
最大で
10万個の
卵を産むが、
産卵後は死ぬ。

体長が
7.6〜89cmの
ホッキョクイワナは
最北の淡水魚だ。

ホッキョクダラのメスは
平均で**1万1,900個**の
卵を産むが、
産卵は一生に一度きりだ。

南極の、海底ではなく、
開水域に住む魚は
1種のみ、
ナンキョク
コオリイワシだけだ。

ホッキョクダラは
どの魚よりも北に生息するが、
水温0〜4℃の海域に
満足している。

Freshwater fish
淡水魚

サケやハイギョなどの淡水魚は河川と湖沼に生息する。中にはウナギのように、一生の大半を淡水で過ごすが、海で生まれる魚もいる。またヤツメウナギのように、淡水で生まれるが、その後海へと向かう魚もいる。

重さわずか**4～5㎎**の、フィリピン原産の**ドワーフピグミーゴビー**は**世界でもっとも体重が軽い淡水魚**だ。

知られているかぎり**もっとも長寿な淡水魚**は**ビッグマウスバッファロー**である。米国で**112歳**の個体が発見された。

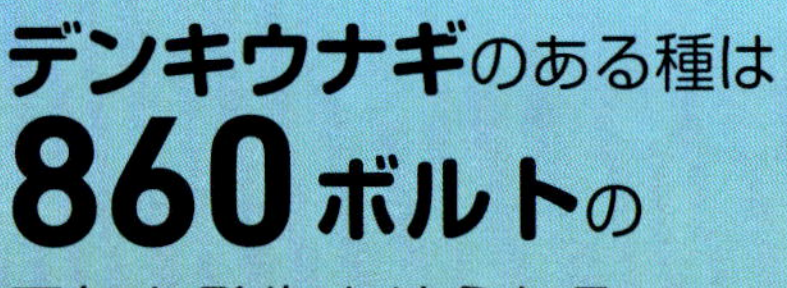

デンキウナギのある種は**860ボルト**の電気を発生させられる。これは**40ワットの電球**を**7個点灯**するのに十分な電気だ。

淡水は**地球の水の3%**以下だが、**魚類全種の3分の1**近くが生息する。

魚類で最大のコイ科は**2,400種**以上いる。

淡水魚は**1万8,000種**以上いる。

淡水魚の**3分の1**は**絶滅の危機に瀕して**いる。

アフリカに生息する**2種のハイギョ**はえらと肺を使って呼吸するため、**水の外でも最大4年生きられる。**

重さが**50kg**にもなる
ムベンガは非常に
すぐれたハンターで、
その**鋭い歯**は最大で
2.5cmに伸びる。

2020年、
16種の
淡水魚が絶滅種と宣言された。

ヤツメウナギの口は
鋭いかぎ状の歯が
100本以上環状に並ぶ。

ナマズは種によっては
17万5,000個
もの味蕾をもつ。

ヘラチョウザメは最大で体長**2.2 m**に成長する。

ロシアには
世界**最大の**
淡水魚の
オオチョウザメが
生息する。ある個体は
重さ**1,571kg**、
体長**7.2m**
あったとされる。

イラン産の
オオチョウザメは
世界でもっとも
高価な食材だ。
卵は**1kg**あたり
2万1,920ポンド
以上の価格で売られる。

中央・南アメリカ産の
ピラプタンガは
果物を常食と
しており、
水中から
1m跳躍して
果物をとることが
できる。

第3章 両生類と爬虫類

AMPHIBIANS AND REPTILES

アベコベガエルは幼生の
オタマジャクシの方が
大きい。
体長**16.8cm**と、
成体の4倍の
大きさになることが
ある。

オオヒキガエルのメスは最大3万5,000個の卵を一度に産む。放置され、大半は生き残れない。

カエルは、
体長の
30%に
およぶ長さの
ねばねばした舌で
昆虫を捕らえる。

小さな**モウドクフキヤガエル**は
人間の大人を
10人殺すほどの**毒**が
皮膚に含まれる。

世界**最小の両生類**、
アマウコビトガエルの
全長は**7.7mm**、
鉛筆の先にとまることが
できる。

アメリカアカガエルは
最大**8ヵ月間凍結**
することで
寒冷な冬を生き延びる。

Frogs and toads

カエル

カエルは、しっぽをもつオタマジャクシとして水中で誕生すると、徐々に姿を変え、４本脚で陸上を飛び跳ね、皮膚を通して空気と水分を取り入れることができる肉食動物となる。

カエルはこれまでおよそ**7,500種**が知られている。

もっとも声の大きな両生類は**ウシガエル**だ。その鳴き声は**400m**先からでも聞こえる。

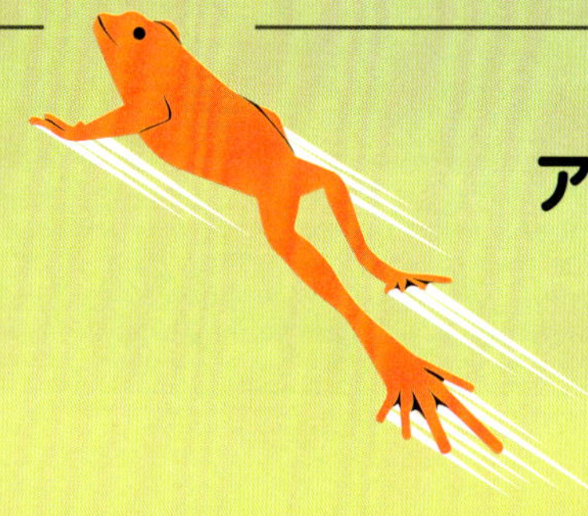

スパーレルアカメアマガエルは長い4本脚と、幅広の足の指先にある吸盤を使って木から木へ飛び移り、**30m滑空**することもある。

カエルは通常水の近くに住むが、**プールフロッグ**と**ヨーロッパトノサマガエル**は水辺から**15km**離れた場所にも跳んで行くことが知られている。

カエルの**前脚の指**は**4本**だが、**後脚の指**は**5本**ある。

世界**最大のカエル**、**ゴライアスガエル**はウサギくらいの大きさで、**体長37cm**、**体重3.7kg**に達することもある。

ダーウィンハナガエルのオスは、**オタマジャクシが小さなカエルになるまで、60日間**自分の鳴嚢で養う。

ゼテクフキヤヒキガエルは種の保全のために生息地の熱帯降雨林から移された。**野生下での個体数はゼロ**とされる。

サンバガエルのメスは長さ**0.9〜1.2m**の**ひも状の卵塊**を産む。オスはそれを後ろ脚に巻きつけて行動し、**孵化**し始めると**池に入れる**。

長寿の両生類

1

ホライモリ・*Proteus anguinus*
中央ヨーロッパ、東南ヨーロッパ・**70年以上**
洞窟に生息し体色がピンク色のこのサンショウウオはほとんど視力がないが、鋭い嗅覚と聴覚、さらに電気への感覚受容器を利用して狩りをする。100年生きることもある。

2 **オオサンショウウオ・*Andrias japonicus***・日本
最長55年
日本原産のオオサンショウウオの皮膚は、生息する河川の環境に溶け込むような色と模様をしている。

3 **アメリカヒキガエル・*Anaxyrus americanus***・北アメリカ
最長40年
この中型のありふれたヒキガエルは繁殖期になると、トリルのように美しく震える声で鳴く。

4 **ヨーロッパヒキガエル・*Bufo bufo***・ヨーロッパ
最長35年
ヒキガエルはたいてい夜行性で、夜に狩りに出かける。その長い舌で動きの速い虫を捕らえる。

5 **フタユビアンヒューマ・*Amphiuma means***・米国南東部
最長27年
大半のサンショウウオと異なり、フタユビアンヒューマは邪魔されると口笛のような音を立てる。

6 **ファイアサラマンダー・*Salamandra salamandra***・ヨーロッパ
最長25年
ファイアサラマンダーは背中に鮮やかな黄色の斑点がある――これで皮膚に毒があると警告している。

6 **キボシサンショウウオ・*Ambystoma maculatum***・北アメリカ
最長25年
キボシサンショウウオは猛毒の乳白色の液体を背中の腺から分泌して自分の身を守る。

6 **オオサイレン・*Siren lacertina***・北アメリカ
最長25年
オオサイレンはサンショウウオの仲間で、小さな前脚はあるが後脚はない。幼生と成体のどちらにも羽毛状の外えらがある。

9 **イエアメガエル・*Ranoidea caerulea***・オーストラリア、ニューギニア
最長16年
この樹上性のカエルには足の指裏に大きな円盤状の吸盤があり、生息地の湿っぽい森でも難なく葉や枝にしがみつくことができる。

10 **スズガエル・*Bombina sp***・ヨーロッパ、アジア
15～20年
このカエルの英名（fire-bellied toad）は腹側の鮮やかな赤地に黒のまだら状斑紋に由来している。敵に襲われると、背をそらして鮮やかな色彩の腹部を見せ、食べたら危険と警告する。

Salamanders and newts

サンショウウオとイモリ

サンショウウオとイモリはカエルと同じ両生類だが、長い体と尾をもつ。全部で682種いるサンショウウオとイモリは、水の中で生まれ、魚のようにえらで呼吸する。その後変態と呼ばれる過程を経て成体へと変化する。

求愛のとき、シリアスジイモリのオスはメスの関心を引くため、5cmのたてがみを逆立てる。

サメハダイモリは皮膚に
2万5,000匹の
ネズミを**殺せる**ほどの**毒**がある。

イモリは**宇宙**へ
行ったことがある。
1994年と**1995年**の**2回の宇宙飛行**で、
アカハライモリの微小重力下での
産卵が研究された。

タイガー
サラマンダーの
メスは**繁殖期**に
7,000個の卵を
産むことがある。

サンショウウオには
耳がなく、
音もほとんど立てない。

最小のサンショウウオは、尾まで含めた全長が
わずか **2.5**cmの
メキシコキノボリサンショウウオ
である。

**アルプス
サンショウウオの
メス**は**卵を
60個**ほど産むが、
**1～4個を除き
すべての卵を**最初に孵化した
子どもに**食べられる。**

38ヵ月におよぶ
アルプスサンショウウオの
妊娠期間は
陸生脊椎動物で
最長だ。

**最大の両生類、
チュウゴク
オオサンショウウオ**の
全長は**1.8m**に達する
こともある。

オオサンショウウオは
50年以上
生きる個体もいる。

オナガサラマンダーは
名は体を表すの
見本である。
**長さ10cmの尾が
全長の3分の2**を
占めている。

**オオミット
サラマンダー**は、
まばたきの50倍も速い
0.007秒で
舌を突き出して
獲物を捕らえる。

サイレン類は**北アメリカに
生息する、脚が1対**だけの
細長い**サンショウウオ**である。
日照りが続くと、
泥の中で繭を作って
何も食べずに
2年間過ごす
こともある。

樹上性の**キノボリ
サンショウウオ**は
樹高18m
の木も**のぼれる。**

メキシコサンショウウオは
幼生のまま一生水中で過ごす。
生息地の湖には
わずか **50～1,000匹**しか
残っていない。

Turtles and tortoises

カメ

カメは背中と腹に身を守るための硬い甲羅をもつ爬虫類である。水生のウミガメと淡水カメは大部分を海や池などの水の中で暮らし、ひれをもつ。陸生のリクガメは陸上だけで生活し、ひれのかわりに丸い足をもつ。リクガメは地面に穴を掘り、熱い太陽の光を避けるための避難所として利用する。

カメはおよそ
3億年前から
地球上にいる。
カメの**先史時代の祖先**には
歯があり、多くは**甲羅が**
なかった。

ウミガメは常に陸上で
巣を作り、一度に最大
100個の
卵を産む。

大型のカメは
100年生きる。
現在生きている陸生動物で
もっとも長寿な個体は、
1832年に生まれた
アルダブラゾウガメと
考えられている。

オサガメは最大で
体長**3m**に成長し、
体重は
約**900kg**
にもなる。

白亜紀後期に生息していた
アーケロンは**史上最大の**
ウミガメの1種であった。
全長およそ
3.5m、
人間の大人2人分だ。

多くのウミガメは
食料を求めて海から海へ
回遊する。
オサガメは**1年**で
1万6,000km
以上移動することもある。

カメの仲間は
300種以上いる。
残念ながらそのうち
129種は
絶滅危惧種である。

シモフリヒラセリクガメは体長わずか**6cm**で重さは**95g**ほどだ。

リクガメは動きが遅いことで知られる。リクガメの**最速記録**は**秒速28cm**で、英国のダラムで飼われているバーティが**2014年**7月に打ち立てた。

1968年、**2匹のロシアリクガメ**がソ連の探査機**ゾンド5号**に乗って宇宙へ行った。

カメの成長に合わせて**甲羅**も成長する。甲羅は**カメの骨格の一部**で、甲板と呼ばれるプレートで覆われた**50個**以上の**骨**でできている。

カメには歯が1本もない。そのかわり、**先が鋭いくちばし**で力強く植物を噛み切ったり肉を切り分けたりする。

ニセチズガメのメスは約**3年**で**成体**になるが、**アオウミガメ**は成熟するまで**40年**以上かかる。

ガラパゴスゾウガメは、現存する近隣種、**チャコリクガメ**の**100倍**も大きい。

ガラパゴスゾウガメとも呼ばれるゾウガメの仲間は13種いる。

Venomous snakes

毒ヘビ

ヘビの中には毒で獲物を殺す、あるいは自分の身を守る種がいるが、たいていは牙を使って毒液を注入する。もっとも多くの毒ヘビが分布する国はオーストラリアで、恐ろしいナイリクタイパンが生息する唯一の場所でもある。ありがたいことに、この危険な爬虫類は人里離れた地域に生息するため、これまで人間を殺したことはない。

最高に強い毒をもつ陸生のヘビ、**ナイリクタイパン**は一咬みで **100mg**以上の毒液を注入する。**1mg**は人間１人分の致死量だ。

南極大陸には毒ヘビが１匹もいないが、他のすべての大陸に分布する。

ガボンアダーはヘビ類で最大の牙をもつ。最長で **5cm**に達する。

アジアには樹上から**滑空**する**ヘビ**が**5種**生息する。幸いなことにそれらの**毒**は人間には**害がない**。

毒ヘビは**600種**ほどいる。

キングコブラは**世界最大の毒ヘビ**である。これまで計測された最大の個体はなんと **5.7m** もあった。

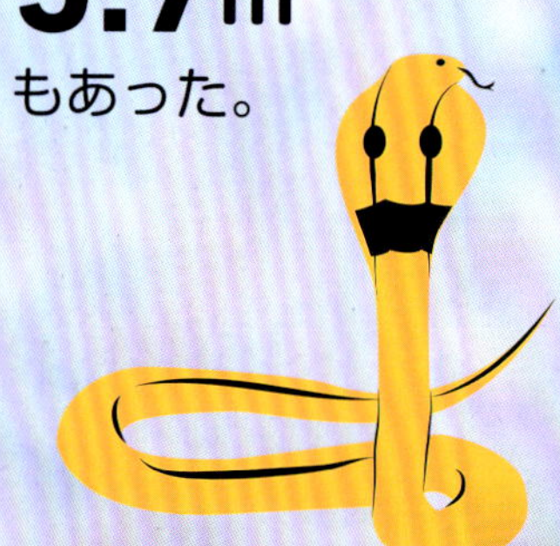

毒液を分泌する**ゴールデン・ランスヘッド**がいるのは世界で１ヵ所だけだ。最大**5,000匹**がブラジルの沖合に浮かぶ「スネークアイランド」で生息する。

ブラックマンバはおそらく**世界最速のヘビ**で、**時速20.1km**に達する。

毒ヘビにより毎年**10万人以上**が死亡している。

ピットヴァイパーは、口の両脇に**2つ**の**赤外線感知器官**があるため、獲物の**体温**を夜間も**検知**できる。

ヘビは平均して１年に**3～6回**脱皮する。

トウブブラウンスネークの**毒**は人間１人を**15分**で殺すことができる。

トウブダイヤガラガラヘビは**最重量の毒ヘビ**である。ある個体は重さが**15kg**あった。

毒ヘビの咬み傷による死亡事例の**約半分**は**インド**で発生している。

モザンビークドクハキコブラは体長わずか**90cm**だが、眼に入ると失明する恐れのある毒液を**3m**先まで吐くことができる。

ベルチャーウミヘビは息を**約8時間**とめていられる。

Cool contrictors

コンストリクター（大型ヘビ類）

コンストリクターには世界最大のヘビであるボアとニシキヘビが含まれる。その大部分は毒をもたない——獲物の体に自分の体を巻きつけることで攻撃し、獲物が窒息するまでその力強い筋肉で締めつける。それから獲物を丸呑みし、ゆっくりと消化する。

ヘビの中で最長の**アミメニシキヘビ**は全長**10m**になるものもいる。**バスと同じくらいの長さ**だ。

コンストリクターは自分よりも大きな**獲物を呑み込む**ことができる。**アフリカニシキヘビ**が**59kg**の**インパラ**を食べた記録が残っている。

カワリボアは**きわめて珍しい**種で、**2017年に1匹が捕獲される**まで、**64年間**発見されなかった。

ヘビの成体は年に**2、3回**脱皮する。**若い**コンストリクターは月に**1、2回**脱皮する。

世界**最重量のヘビ、オオアナコンダ**は体重が**227kg**になることもあり、**ハイイログマ（グリズリー）のオスと変わらない**。

ボアコンストリクターは**野生**下でおよそ**30年**生きるが、米国の**フィラデルフィア動物園**で**飼育されている個体**は**40歳の誕生日**を迎えた。

ニシキヘビの口の中は内側に曲がった歯が上あごに**4列**、下あごに**2列**並んでいる。これで獲物をしっかり捕らえる。

ボアコンストリクターが**食べものを消化**するのに**4〜6日**かかることもある。

ヘビは食事の間が
1、2週間
あくこともある。

ボア科に分類されるヘビは約**56種**で、樹上や水中で生活する種もいる。

ボアは**一度に**
10〜65匹の
子どもを産む。
生まれたばかりの
ヘビは**薄い膜**から
出ると呼吸する。

ボア
コンストリクター
には**2本の**
後ろ脚の
なごりがある。

ニシキヘビは
ひたすら**直進する。**
腹部をわずかに
持ち上げ、前方へ押し
出す動作を繰り返し、
時速約1.6kmで
滑るように進んでいく。

交尾の間、
アナコンダは
1匹のメスに
12匹のオスがからまって
交尾ボールを形成する。
交尾の後、**メスがオスの**
中の小さな1匹を
食べることもある！

Iguanas and relatives

イグアナと近縁種

イグアナは冷血の草食性トカゲで、背中と長い尾に鋭いうろこがある。大部分はメキシコやカリブ海地域、南アメリカの熱帯林の木に生息する。イグアナの近縁には、オオトカゲ下目に属すオオトカゲやヘビに似たアシナシトカゲがいる。これらのトカゲはほとんどが肉食で多くの種が毒をもつ。

コモドオオトカゲは世界**最大で最重量のトカゲ**で、**毒をもつ最大の陸生動物**だ。体重は**166kg**になることもある。

おそらく、**最小**のオオトカゲは**オミジカヒメオオトカゲ**で、全長は**25cm**、人間の足くらいの大きさだ。

イグアナはそれほど敏捷(びんしょう)には見えないが、**ツナギトゲオイグアナ**は、**短距離走の選手と同じくらいの時速35km**で走ることがある。

樹上性の**グリーンイグアナ**は**12〜15m**下の低い枝や地上に**跳び降り**てもケガひとつしない。

ウミイグアナは**水中**に**60分**間潜っていられる。

マゼランヤマイグアナは他のどのイグアナよりも南の、赤道から**6,000km**離れた南アメリカ南端の**ティエラデルフエゴ諸島**に生息する。

アメリカドクトカゲは世界で**もっとも有害**なトカゲである。**0.5ml以下**でも**人間1人を殺せる毒**をもつが、咬まれても通常は死なない。

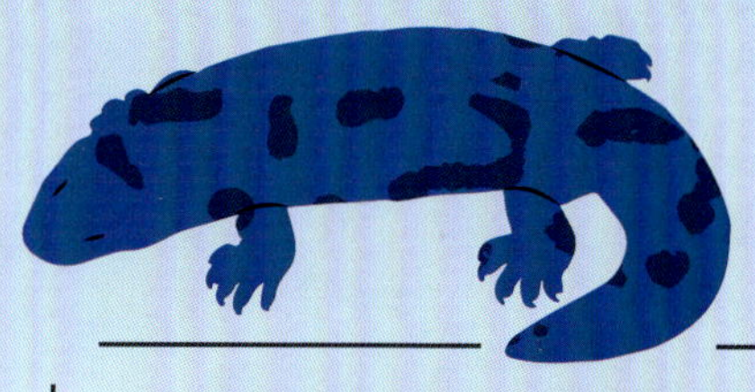

ナイルオオトカゲはアフリカの水辺に生息する。メスは**シロアリのアリ塚の**内部に最大**60個**の卵を産む。

ゴジラの愛称で呼ばれた**グランドケイマンイワイグアナ**は米国テキサス州の動物園で**54年**生きた。動物園に来る前と合わせると**69年**の生涯だったかもしれない。

コモドオオトカゲは1回の食事で**体重の80%の量を食べる**ことがある。**スイギュウ**の成獣を襲うことで有名だ。

イグアナは**眼が3つ**ある。**見るための2つの眼**以外に、**光を感じる頭頂眼**が頭頂部にある。

コモドオオトカゲは**死んだ動物を食べる**のを好み、**5km**先からも死体のにおいをかぎつける。

ヒメアシナシトカゲ（スローワーム）はミミズ（ワーム）ではなく、**脚のないトカゲ**である。

希少種の**シナワニトカゲ**は、**ワニトカゲ属**という、**1億2,000年前**に恐竜とともに生息していたトカゲの仲間で唯一の現存種である。

気温が**10℃**を下まわると、**イグアナ**は**凍って**木から落下することがある。ほとんどは体が**暖まる**と回復する。

Crazy crocodilians

ワニ

ワニは恐竜の時代までさかのぼる肉食の大型爬虫類である。クロコダイル、アリゲーター、ガビアル、カイマンを含め23種いる。すべて水陸両生で、ほとんどの時間を水中で過ごすが、休息と産卵は陸上でおこなう。

極限の状況にあるとき、**ワニ**は**何も食べなくても**
1年を
過ごせる。

ワニは**一生**の**間**に**2,000本**も**歯**が**生えかわる**。

イリエワニは
体重**1トン**の
スイギュウくらい
大きな獲物に
襲いかかるほど力強い。

最小のワニは
南アメリカに生息する
コビトカイマンで、
全長は
約1.5m。

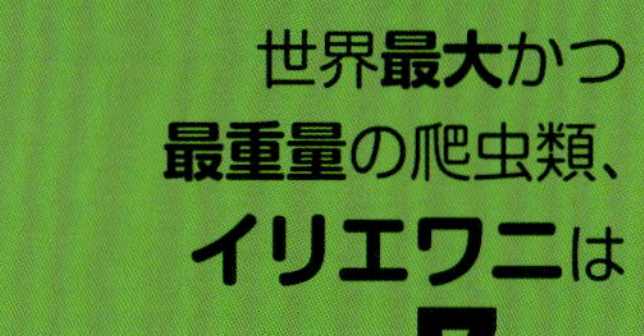

世界**最大**かつ
最重量の爬虫類、
イリエワニは
最大で体長**7m**、
重さ**1,200kg**
にもなる。

ガビアルはワニ類で
最大の卵を産む
――1個の大きさは
約**90mm**。

大きな肺をもつおかげで
ワニは水中に
15分間いられる。

最高齢と確認された
ワニは、
セルビアのベオグラード動物園
で飼われている
アリゲーターで、
86歳以上
になる。

魚食性の
ガビアルは
ワニ類で**もっとも**
歯の数が多く、
110本の**鋭い歯**をもつ。

イリエワニの咬む力は
1万1,216
ニュートン
――**車に押し潰される**
くらい強力だ。

ワニと恐竜は、
2億5,000万年前
にさかのぼる、
主竜類と呼ばれる
爬虫類の一群に属す。

もっとも多くの卵を
産んだワニは、
97個の卵を産んだ
ガビアルで、そのうち
69個が孵化した。

ワニ類で**もっとも希少**な
ヨウスコウワニは
中国の揚子江に
生息するが、
野生では
120匹しか
残っていないと
推定される。

アメリカワニのメスは
孵化した子どもを
4年間世話する
ことがある。

トップ10

最大級の爬虫類

1

イリエワニ・*Crocodylus porosus*
インド、東南アジア、オーストラリア北部
最大体重：**1,000kg**

現存する爬虫類で最大のイリエワニは、獲物をおぼれさせるか、丸ごと呑み込む頂点捕食者だ。

2 **ナイルワニ・*Crocodylus niloticus***・アフリカ
最大体重：**750kg**
ナイルワニのメスは川岸近くの巣で16～80個の卵を産む。卵が孵化すると、メスが数週間子どもを守る。

3 **オサガメ・*Dermochelys coriacea***・世界中に広く分布
最大体重：**680kg**
ウミガメの中で最大種の、主にクラゲを食べるオサガメは、産卵のために海を渡って特定の海岸に戻る。

4 **ミシシッピワニ・*Alligator mississippiensis***・米国南東部
最大体重：**454kg**
この力強い捕食者が口を閉じると、下あごの前から4番目の大きな歯が上あごの穴におさまる。

5 **ヌマワニ・*Crocodylus palustris***・インド亜大陸
最大体重：**450kg**
別名インドワニは、酷暑と厳寒の時期は地面に穴を掘って中に潜んで過ごす。

6 **オリノコワニ・*Crocodylus intermedius***・コロンビア、ベネズエラ
最大体重：**400kg**
絶滅危惧種のこのワニは南アメリカ大陸で最大の捕食者である。日中は休息し、夜間に食事をする。

6 **クロカイマン・*Melanosuchus niger***・南アメリカ北部から中央部
最大体重：**400kg**
夜間にこの大型のアリゲーターがアマゾン川流域で狩りをするとき、黒い体色がカモフラージュになる。

6 **アメリカワニ・*Crocodylus acutus***・南北アメリカ
最大体重：**400kg**
この巨体のクロコダイルは通常は単独で暮らす。日中は日光浴をし、あごを開けて体温を調節する。

9 **ガラパゴスゾウガメ・*Chelonoidis niger***・ガラパゴス諸島
最大体重：**260kg**
現生する陸生のカメで最大で、長い首を伸ばして草木を食べる。100年以上生きることもある。

10 **インドガビアル・*Gavialis gangeticus***・インド北部
最大体重：**250kg**
ほとんどの時間を水中で過ごし、たくさんの歯が生えた細長い吻で魚を捕らえると、頭から呑み込む。

Skinks, snake lizards, and geckos

トカゲとヤモリ

ヤモリは昆虫類を常食するトカゲで、生息環境に溶け込むような色合いの皮膚と、壁や天井を歩きまわれる吸着性の足をもつ。スキンクは細長いトカゲで、単為生殖で子どもを産むことができる。ヒレアシトカゲはヤモリと近縁の、脚のないトカゲで、後肢の位置にうろこに覆われたひれがある。

ヤモリの足指は**人髪**の**30分の1**の太さの**微細な毛**で覆われている。このおかげで足に吸盤や粘液がついているかのように**壁を歩く**ことができる。

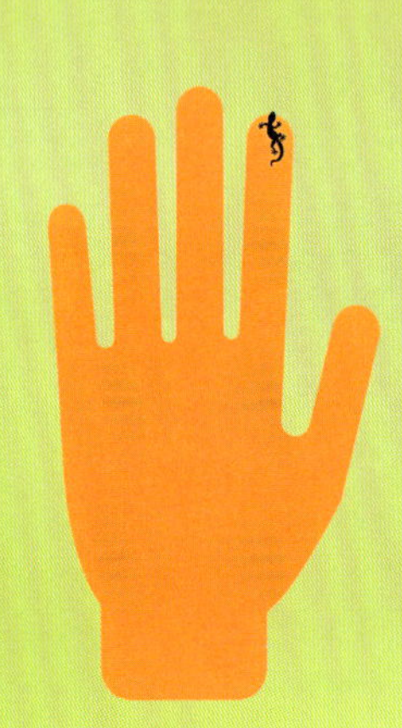

世界**最小**のヤモリはドミニカ共和国に生息する**アラグアヤモリ**である。尾を含めても体長はわずか**33**mmで、**指先に乗せられる。**

ヒョウモントカゲモドキは飼育下で**25年生きる。**

ヤモリは**秒速1m**で壁をよじのぼれる。

現生するヤモリの最大種は**ツギオミカドヤモリ**で、大きいもので体長**36**cm、体重**300**gにもなる。

捕食者が**ヤモリ**をつかむと、ヤモリは**尾**を自分で**切り離す**。**30日**以内に**新しい尾が生えてくる。**

ヤモリには**まぶたがない。舌で眼をなめてきれいにする。**

フリンジヘラオヤモリは
陸生動物で
最多の歯をもつ。
上あごに
169本、
下あごに
148本の
歯が生えている。

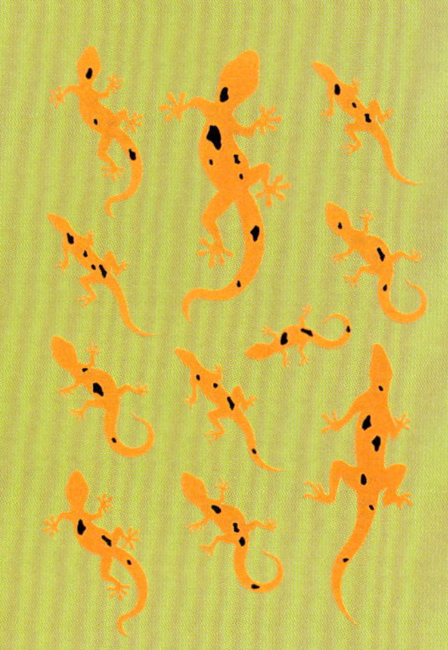

スキンク科は
トカゲの中で
最大のグループで、
1,500種
以上いる。

パクスデルマヒレアシトカゲは
オーストラリアに生息する**脚のない**
ヤモリである。ピアノの一番高い音よりもオクターブ高い、**60デシベルの**
音を聞き分けることができる。

世界**最大のスキンク**は
ソロモン諸島に生息する。
尾を含めた全長は
81cmにもなり、
尾でものをしっかりとつかむことができる。

ヒロオヒルヤモリのメスは一度に最大**10個の卵**を産む。

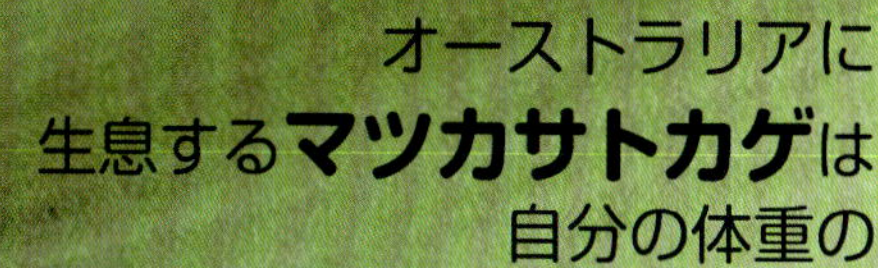

オーストラリアに
生息する**マツカサトカゲ**は
自分の体重の
3分の1
ほどの
子どもを産む。
人間であれば6歳児を
産むようなものだ！

これまで知られている
ヤモリの最大種は、
フランスのある博物館に
展示されている
デルコートオオヤモリ
で、体長は
61cm
ある。

ヒレアシトカゲは
巣を共有する。
バートン
ヒレアシトカゲの
産卵数は
1〜3個だが、
1つの巣から
最大20個の卵が
見つかることがある。

アカメカブトトカゲには
ワニのように背中から尾にかけて
4列のとげ状のうろこがある。
これは**においを交換**するために使われる。

第4章 鳥類 BIRDS

ヒクイドリの鳴き声は
鳥類で**もっとも低い、**
32ヘルツの
低周波音で、
人間の可聴域の最低値に近い。

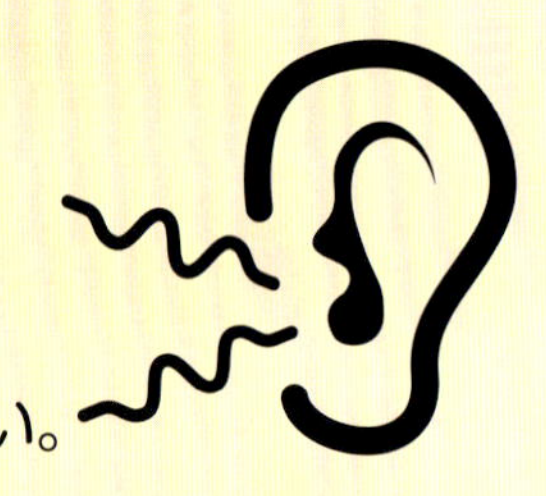

ダチョウは**世界最大の鳥**である。
大きなオスは
頭高**2.5m**に
なる――
人間の成人の
平均身長の約**1.5倍**だ。

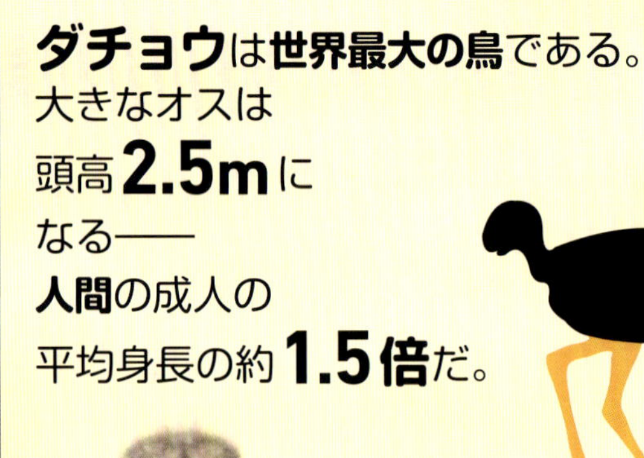

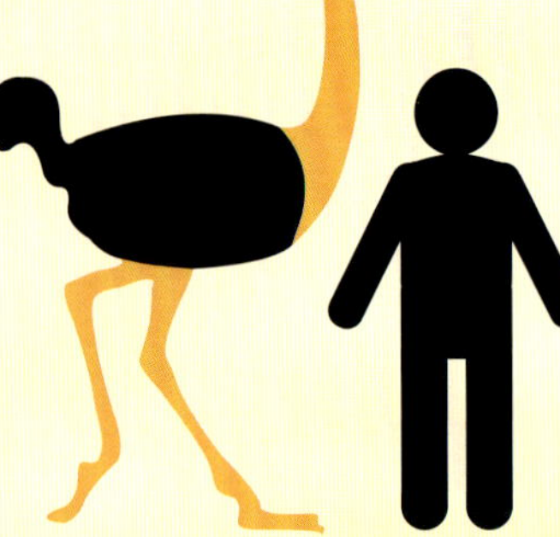

アメリカレアは
複数のメスが
共同の巣で卵を産む。
30個の卵を
オスが１羽で抱いて
温めることもある。

キーウィはおよそ
3,000年以上前から
存在する、
現生鳥類で
もっとも古い種だ。

ダチョウは
動物で**最大の**
卵を産む。
地面の穴に
産み落とされた
卵は長さ**15cm**、
重さ**1.4kg**
にもなる。

ダチョウの眼は
直径が
5cm、
卓球の
球より
大きい。

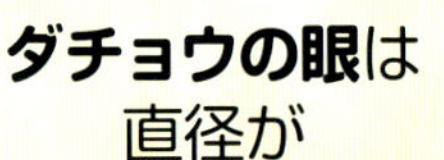

ダチョウはどの鳥よりも**速く**、**時速72km**で**走る**ことができる。

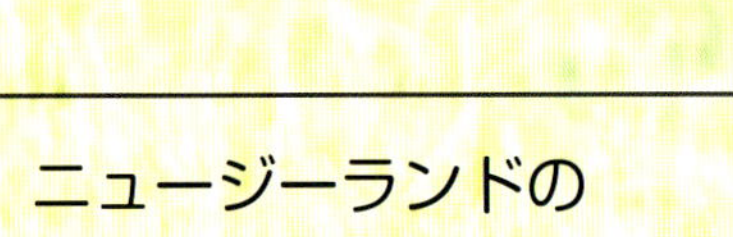

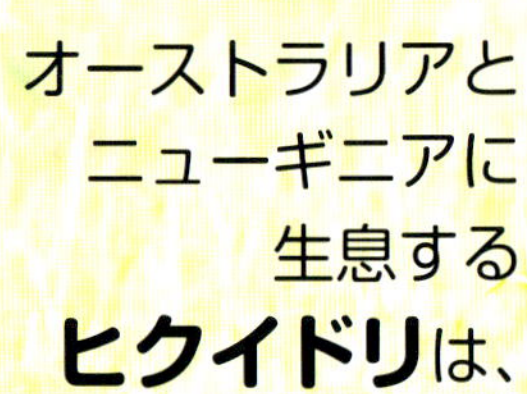

オーストラリアと
ニューギニアに
生息する
ヒクイドリは、
10cmもの長さの
鋭いかぎ爪を
武器に足で闘う。

ニュージーランドの
フクロウオウムは
世界一重いオウムである。
この夜行性の飛べない鳥は
体重**3kg**を超えることもある。

Flightless birds

地上を走る鳥

ダチョウ、エミュー、ヒクイドリ、レア、キーウィは走鳥類と呼ばれるグループに属す鳥で、世界最大の鳥もその中に含まれる。飛ぶことのできない鳥は他にも、ニュージーランド産のフクロウオウム（カカポ）やペンギン（88-89頁参照）などがいる。

ダチョウの卵は
どの鳥の卵よりも頑丈だ。
115kgの
パンダが座ったとしても
もちこたえられる。

野生下で
フクロウオウムは
27~60年
生きる。

エミューは
餌を求めて
500km以上も
移動する。

キーウィは**体長比で最大の卵**を産む。
ブラウンキーウィのメスは
１個**406g**の卵を
産むことがあるが、
これは**メスの体重**の
25%
近くにもなる。

ダチョウはヒナを共同で育てる——**1つの集団保育場に300羽のダチョウのヒナ**がいることもある。

夜行性の
ブラウンキーウィ
の鳴き声は
1.5km
先まで聞こえる。

ダチョウは鳥類で唯一、
各足の趾（あしゆび）が**2本**だけだ。
他の鳥はすべて3本または
4本の趾をもつ。

Perfect penguins

ペンギン

ペンギンは海鳥なのに飛ぶことができない。しかし、強靭な筋肉と水かきのついた足で水を押し分け、巧みに泳ぐ。ペンギンの足は歩くのには適していないため、陸上ではぎこちなくよちよち歩いたり、ぴょんぴょん跳んだり、腹ばいで滑ったりする。ほぼすべての種が南半球に生息する。

ペンギンはだいたい**時速24.2km**で**泳ぐ**ことができるが、**フンボルトペンギン**は短距離であれば最高**時速48.3km**に達することもある。

マカロニペンギンの生息数は約**1,800万羽**、ペンギンの種の中で一番多い。

オーストラリア南部とニュージーランドで発見された**最小のペンギン**、その名も**コガタペンギン**の体長はわずか**40cm**。

ジェンツーペンギンは換羽のときに、**体のボリュームが半分以下**に**減る**こともある。

およそ**3,700万年前**に生息していた**パレユーディプス・クレコウスキー**は体高が**2m**で、平均的な人間よりも大きかった。

現在**ペンギン**は**18種**に分類される。そのうち**南極大陸に生息する**種は**半分**以下である。

オキアミは**マカロニペンギンの餌**の**90%**を占めることもある。この小さな甲殻類をマカロニペンギンたちは毎年**数百万トン**食べる。

キガシラペンギンは
ペンギンの種の中で
絶滅のリスクがもっとも高い。
野生の生息数はわずか
4,000羽
ほどだ。

オウサマペンギンは
ペンギンの最大種と
みなされていた。
しかしその後
コウテイペンギンの
方が**30cm**大きいことが
わかった。

南極大陸には**世界最大の**
ペンギンのコロニーが
ある。最大で**200万羽**
いる**ヒゲペンギン**は
活火山の斜面で
繁殖する。

コウテイペンギンは鳥類最高の**潜水深度記録**をもつ——**水深564m**まで潜った記録がある。

ペンギンは**魚**を
毎日最大
5kg
食べる。

ペンギンは**生涯**の
80%を
水中で過ごす。
1日に200回
以上水中に
飛び込むこともある。

気泡を利用して
ペンギンは
水中から飛び出す。
小型のペンギンだと
空中高く
2.7m
も飛ぶことがある。

南極大陸には
コウテイペンギンの
コロニーが
約**54カ所**ある。
約**半分**は、繁殖地に
残された**排泄物の**
痕跡を
衛星画像から
分析した結果
発見された。

野鳥で**最長の羽**は
オナガキジの
尾羽で、
2.4m
以上に
伸びることもある。

キジのオスは
12羽もの**メス**と集団、
すなわち**ハーレム**を
作ることがある。

キジは飛ぶよりも
地上を移動するのがふつうで、
時速16kmで走れる。

穏やかな冬であれば
キジの生存率は
だいたい**95%**だが、
厳しい冬だと**20%**に
落ちる。

キジの
平均的な体長は
61cmだ。

オスの**キンケイ**は**翼**を**広げる**と**最大75cm**になる。

クジャクの**最大種**である
マクジャクは尾を含めると
全長**3m**
にもなる——
現生鳥類で最長かもしれない。

クジャクの
色鮮やかな上尾筒は
長さが**1.8m**
にもなる。
この**長い羽**は**短い尾羽**の
基部にくっついている。

クジャクの
オスの成鳥は腰から
約**200本の**
美しい飾り羽（上尾
筒）が生えている。
羽は毎年生えかわる。

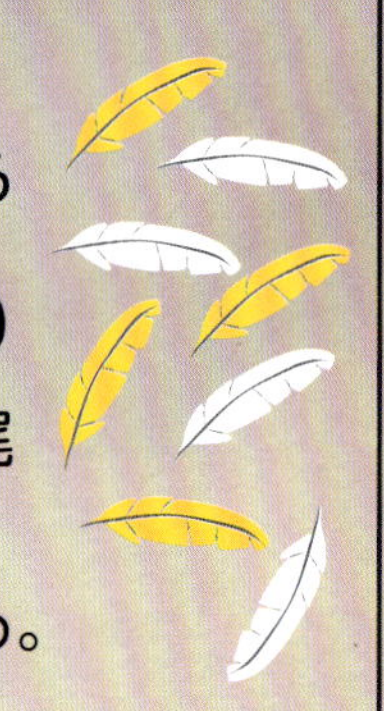

クジャクは**2歳**で
最初の上尾筒が成長する。
4年後に**最大の長さ**に
達する。

Pheasants and partridges

キジとヤマウズラ

ウズラやシャコはキジと同じくキジ科に属す鳥だが、体の大きさと色が異なるためキジと区別できる。ウズラやシャコの尾は短く、キジの尾はかなり長い。クジャクもキジの近縁種で、オスは色彩豊かな羽毛で有名だ。

クジャクには**11種類の鳴き声**がある。オスはメスよりも声が大きい。

イワシャコは**2つの離れた巣**に卵を産む。オスとメスがそれぞれの巣を守る。

ヨーロッパヤマウズラは野鳥で最多の**10~20個**の**卵を1度**に産む。

クジャクの尾は**全長の60%以上**を占めていることもある。

コンゴクジャクの**羽が最初に発見された**のは**1913年**のことだ。**この種を見つけるための調査**は**23年**におよんだ。

ヤマウズラの**体高**はだいたい**30cm**だ。

シャコ類のほとんどのヒナは孵化から数時間後に**巣を離れる**が、**カンムリシャコ**のヒナは**1週間**巣に**とどまる**。

ほとんどの**シャコ類**の寿命は**2年**ほどだが、**アカアシイワシャコ**は最長**6年生きる**。

Pigeons and doves

ハト

英語の「ピジョン」と「ダブ」はどちらも同じハト科の鳥を表す語で、一般に大きいハトをピジョン、小型の（白い）ハトをダブとするが、厳密な違いはない。ハトは他の鳥類のように液体をちびちび飲むのではなくごくごくと吸い上げて飲む。扇形に広がる長い尾をもつ種や、美しい羽をもつ種もいる。

ハトは**0.05ヘルツもの超低周波音を聞く**ことができる。
これは他のどの動物よりも低い。

ナゲキバトは**食べものを探して32.2km**も移動する。

2014年に**バチカン市国**で放たれた**2羽の平和のハト**が他の鳥に**襲われた**のは、ハトが**純白の羽毛**で目立っていたからだ。

19世紀、北アメリカには**約50億羽**の**リョコウバト**が生息していた——他のどの鳥類よりも多かった。

ナゲキバトは**毎日体重の20%**近くの餌を**食べる**。

ハトは**2,000km**離れた場所からでも**巣へ帰る方向を見つける**ことができる。

20世紀の世界大戦では**ハトが通信文を運んでいた。**
1918年、**シェザミ**という名のハトが戦場に取り残された米軍**兵士194人の救助**に一役かった。

捕食者やハンター、嵐などにより、**孵化したナゲキバトの幼鳥**で**1年**以上生きるのは**25%**にすぎない。

ナゲキバトの食餌の
99%を種子が占める。

ハトの巣には
1個か2個の卵がある。
日中はオスが巣を見守り、
夜間はメスが見守る。

他のハトの種と異なり、
ミノバトは**1列**または
縦隊で飛ぶ。

第一次世界大戦では
10万羽以上の
伝書バトが使われた。

ブラジルに生息する
アオメヒメバトは、
2015年に**野生下で**
12羽が発見されるまで、
75年もの間**絶滅した**と
考えられていた。

ハトは
平均速度
時速124.9km
で飛ぶ。

重さ3.5kgのオウギバトは**野生のハト**で**最大**の種だ。

考古学者たちは現在のイラク周辺の
メソポタミア地域で**5,000年前**に
描かれた**ハトの絵**を発見した。

ハトの仲間は
300種以上
いる。

Parrots and toucans

オウムとオオハシ

熱帯に生息するオウムは賢くて愛嬌のある鳥だ。大きな声で鳴き、人間の言葉をまねることさえある。オオハシはオウムの近縁種ではない——オウムのくちばしは小さく力が強いが、オオハシのくちばしは長く幅が広い。

ヨウムは**5歳児**と同じくらいの**知能**をもつ。

ヤシオウムはオウムの中で最大のくちばしをもつ——長さは**8.9cm**にもなる。

もっとも騒々しいオウムは**オオバタン**である。**135デシベル**の叫び声は**飛行機の離陸音よりもやかましい**。

オウムの仲間で**最速**の**オトメインコ**は**時速88km**で飛ぶことができる。

オウムの仲間は
400種
ほどいる。

オウムの仲間は
すべて**4本**の
趾をもち、**前向きに2本、**
後ろ向きに2本
生えている。

オウム科の鳥で最小の
アオボウシケラインコは、
大人の指ほどの体長で体重は
11.5gである。

オニオオハシの色鮮やかなくちばしは体長の半分に達する。

体重**876g**、
体長**65cm**
にもなる
オニオオハシの
オスは
オオハシの
仲間で最大だ。

野生で生息する
オオハシは
わずか**1万羽**
ほどと
考えられている。

オオハシの
ヒナはほとんどが
生まれたときは
40g
ほどだが、
4ヵ月後には
最大約**1kg**
にもなる。

オオハシは
社会的な動物で、
最大で**22羽の群れ**で
暮らす。

ニュージーランドだけに
生息する
フクロウオウムの
オスはオウムの中で
もっとも体重が重く、
大きいものだと
4kg
ある。

オオハシの羽のような
形をした舌は
長さが平均で
15cmあり、
食物を喉に押し込む。

大型のオウムは
最大**50年**生きる
ことがあるが、
クッキーという名の
クルマサカオウムはおよそ
83年生きた。

トップ10

長いくちばし

1

ペリカン・*Pelecanus*
極地方を除くほとんどの大陸
くちばしの長さの最大値：**47㎝**
ペリカンは伸縮性のある喉袋のついた長く大きなくちばしをもつ。オーストラリアに生息するコシグロペリカンが鳥類最長の記録を保持する。

2 **コウノトリ・*Ciconiidae***・極地方と南極大陸の大半を除くほとんどの大陸
くちばしの長さの最大値：**40㎝**
アフリカハゲコウは長く鋭いくちばしをもつ巨大な鳥だ。大きなピンク色の喉袋は、異性を引きつけるのに使われているのかもしれない。

3 **サイチョウ・*Bucerotidae***・アフリカとアジア
くちばしの長さの最大値：**30㎝**
サイチョウ科の多くの種はくちばしに「カスク」と呼ばれる突起物がついており、中は空洞になっている。鳴き声を大きくする共鳴器として使われる。

4 **ハシビロコウ・*Balaeniceps rex***・アフリカ東部
くちばしの長さ：**23.9㎝**
この奇妙な見た目の鳥は、長いくちばしを使ってハイギョやナマズ、さらには小型のカメやヘビなどをつついて食べる。

4 **ヘラサギ・*Platalea***・南極大陸を除くすべての大陸
くちばしの長さの最大値：**23.9㎝**
ヘラサギのヒナはまっすぐなくちばしで生まれる。ヒナが発育するにつれ、しだいにヘラの形になる。

6 **ダイシャクシギ・*Numenius***・世界中に分布
くちばしの長さの最大値：**22.9㎝**
泥の中にいる獲物を探して捕らえられるよう、ダイシャクシギのくちばしは先端が残りの部分とは別個に毛抜きのように動く。

7 **オニアオサギ・*Ardea goliath***・アフリカとアジア
くちばしの長さの最大値：**22.6㎝**
オニアオサギは鋭いくちばしを閉じて魚を突く。魚を陸に持って帰ると、死ぬのを待ってからくちばしを大きく開けて魚を丸呑みする。

8 **オオハシ・*Ramphastidae***・中央と南アメリカ
くちばしの長さの最大値：**20.3㎝**
重そうに見えるオオハシのくちばしだが、実は非常に軽い――多孔質で空気をたくさん含んだ、薄くて頑丈な素材でできているからだ。

9 **フラミンゴ・*Phoenicopteriformes***・南北アメリカ、ヨーロッパ、アフリカ、アジア・くちばしの長さの最大値：**17.8㎝**
フラミンゴは、くちばしのふちに並ぶ歯のような突起で水を濾して餌を食べる。

9 **グンカンドリ・*Fregata***・世界中の熱帯地方
くちばしの長さの最大値：**17.8㎝**
グンカンドリはその長いかぎ状のくちばしを使って、他の鳥がとった魚を盗むことがある。

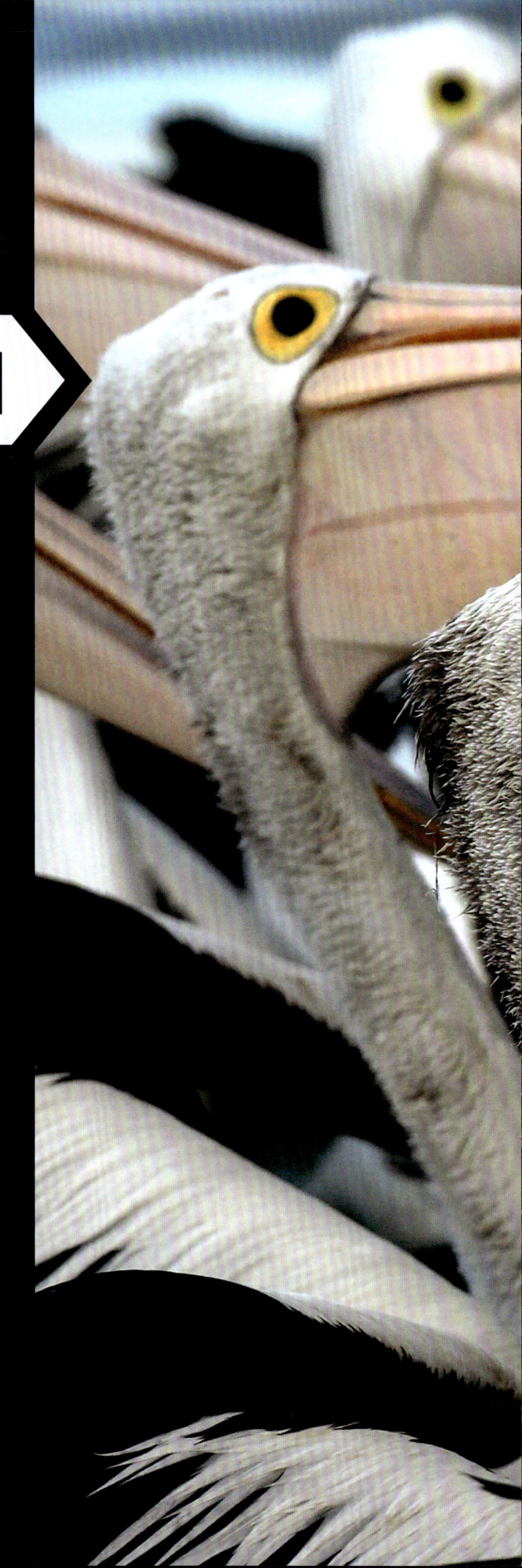

Hummingbirds and swifts

ハチドリとアマツバメ

小さなハチドリとアマツバメは飛翔能力の高い鳥で、めったにとまることはない。ハチドリは超高速で羽ばたくことで停空飛行（ホバリング）し、花の蜜を吸う。ハチドリの羽は他のどの鳥の羽よりも速く動く。

最速の羽ばたきは**ツノホウセキハチドリ**が記録した**毎秒90回**である。

ハチドリとアマツバメは最長**7年**生きる。

ハチドリは毎日体重の**1.5倍**の餌を**食べる**必要がある。

ヨーロッパアマツバメは**10ヵ月間一度もとまることなく50万km**を**飛ぶ**ことがある。

鳥の巣で最小の**コビトハチドリ**の巣は直径**2.5cm**、クルミの殻の半分の大きさだ。

求愛ダンスのとき、**フトオハチドリ**は**時速80km**で**急降下する**やいなや急上昇する。

アマツバメの足は変わっていて、**4本の趾**（あしゆび）はすべて**前を向いている**。この鳥は雨のときだけ地上にとまる。

ハリオアマツバメの名は
尾羽の先端から
6mm
突き出た
針状の羽軸からきている。
崖にしがみついているときに
バランスを取るのを助ける。

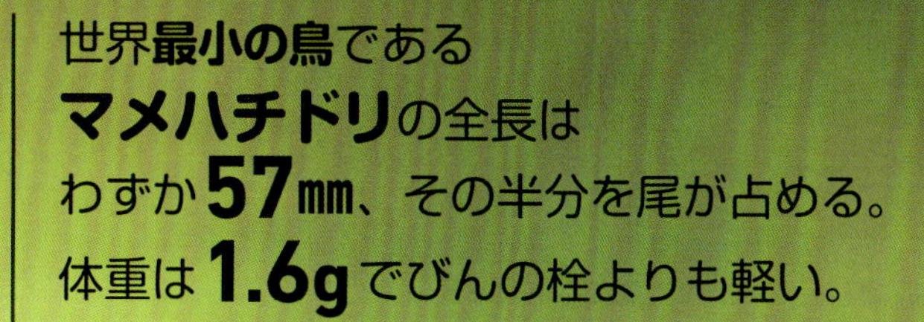

世界**最小の鳥**である
マメハチドリの全長は
わずか**57mm**、その半分を尾が占める。
体重は**1.6g**でびんの栓よりも軽い。

ヤリハシハチドリの
くちばしは**体長**（尾を含まず）
よりも長く、
11cmに
達することもある。

コシジロアナツバメは
数週間ずらして
卵を2個産む。
最初の卵が孵化すると
すぐに2個目の卵を
抱く。

オオハチドリは
ハチドリの最大種である。
体長は**23cm**で
体重は最大で**24g**
——2番目に重い種の
ほぼ2倍だ。

ホバリングしているとき、
ハチドリの心拍数は
1分間で
1,200回近くに
達する。

コビトハチドリは
鳥類で**最小の卵**を産む。
卵の直径は**1cm**以下で、
エンドウマメよりわずかに
大きい。

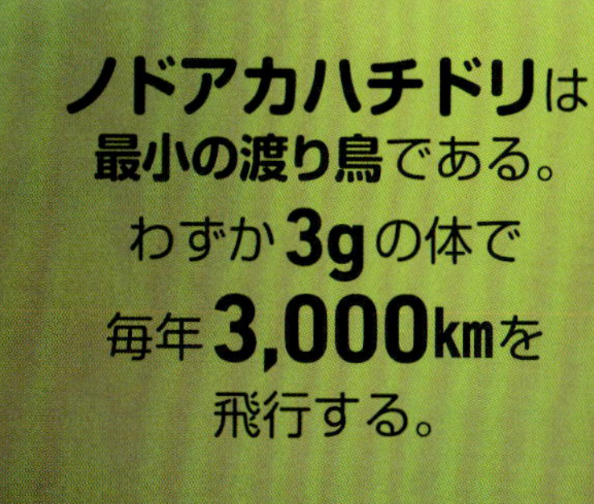

ノドアカハチドリは
最小の渡り鳥である。
わずか**3g**の体で
毎年**3,000km**を
飛行する。

Cool kingfishers

カワセミ

カワセミと近縁種――サイチョウ、ブッポウソウ、ヤツガシラ、ハチクイ――は明るい色合いの羽に加え、大きな頭部とくちばしが特徴である。餌とする生きものはそれぞれ異なるが、食べる前に獲物を安全な場所まで運び、気絶させるか殺す点は共通している。

カワセミの最大種、
オーストラリア産の
ワライカワセミは、
その名のとおり
高らかに笑って
いるかのような
鳴き声で有名だ。
体重は最大で
450gになる。

カワセミの**最小種**の
ヒメショウビンは
体長わずか
12cm、
体重は
14gしかない。

オナガサイチョウの
くちばしの上には
サイの角のような固い突起物
（カスク）がある――**カスク
と頭蓋骨の重さ**は
3kg
にもなる。

シベリアのカワセミは
冬に東南アジアまで
3,000kmも**移動する**。

ライラックニシブッポウソウは
全部で**14色**――薄紫、緑、白、黒、黄、
青緑、紺青、赤褐色など――の色をまとう。

ヤツガシラは
1科1種だ。
北方に繁殖するものは
冬に南方へ**移動**し
越冬する。

カワセミは
1年に最大3回産卵し、
毎回**6、7匹のヒナ**が
生まれるが、
生き残るのは
半分だけだ。

**サイチョウは木や岩の
洞（ほら）で巣を作る。**メス
は巧みに隠された
巣の中で
120日間
子育てをする。

カワセミの幼鳥は
巣立ち後も
4日ほど
**親鳥に給餌して
もらう。**

ミナミジサイチョウは
飼育下で最長
70年
生きた例がある。
シロビタイ
ハチクイは
崖や川岸に穴を掘って
巣を作り、最大で
100羽の
集団で暮らす。
カワセミは川沿いに3.5kmにわたるなわばりを見張る。
サイチョウの好物は
イチジクだ。
最大200羽が同じ木で
一斉についばもうとする
光景も見られる。
ワライカワセミは
全長1mの
ヘビを襲って
食べることも
ある。
アフリカ産の
オオヤマセミは
長さ8.5mの
トンネルを掘ることができる。

Wondrous woodpeckers

キツツキ

キツツキとアリスイは森林で生活し、木の幹に穴を開けて巣を作る。キツツキの仲間は木と垂直にとまったり歩きまわったりするのが得意で、くちばしで木を叩いて自分のなわばりを主張する。

キツツキのつがいが**樹幹に穴を掘って**巣を作るのに**1ヵ月**かかる。

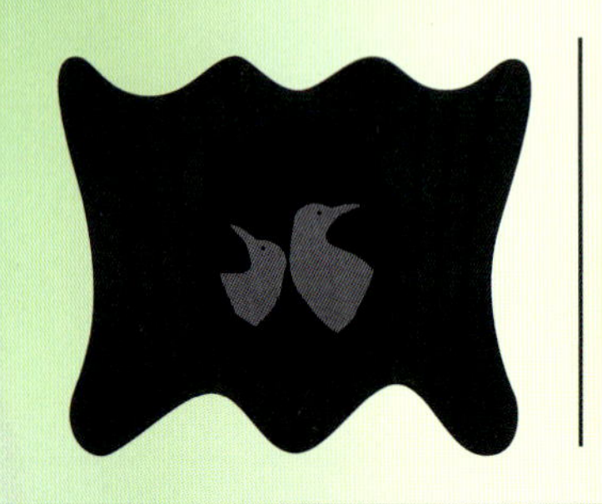

キツツキは、**3回羽ばたき**すると少しの間翼を閉じて**滑空**する。これを繰り返しながら飛んでいる。

テイオウキツツキはキツツキの種で**最大**である。全長が**60cm**になることもある。

アリスイは小型の、**尾の長いキツツキ科の鳥**である。英名の「ねじれた首」は威嚇のため首をねじって頭を**180°**回転させることからきている。

ドングリキツツキはドングリをたくわえるため古い木に穴を掘る。**5万個**の穴があいた木もある。

体長比で最長の**アリスイ**の舌は、体長の**3分の2**の長さがある。人間であれば**膝まで達する**ほどの長さだ！

最小のキツツキは**南アメリカ産**の**キンビタイヒメキツツキ**で、体長は**7.5cm**、重さは**8g**しかない。

キツツキが木を垂直に歩いてのぼることができるのは、**2本の趾は前を向き**、**2本は後ろを向く対趾足**だからだ。

キツツキと**アリスイ**は、およそ**240種**が属すキツツキ科の仲間である。

キツツキは
1秒間に22回の
速さで木を**つつく**
ことができる。

ドングリキツツキの
ヒナは、
親鳥と最大で
10羽の兄姉鳥に
育てられる。

クマゲラは1日におよそ**1万2,000回**木の幹をくちばしでつつく。

もっとも長生きの
キツツキの種は
北アメリカに生息する
シマセゲラだ。
野生で
約**20.7年**生きる。

キツツキのヒナは
生後**20~30日**で
親鳥から**完全に**
自立する。

キツツキが
木をつつくとき、
キツツキの頭は最大で
1,500Gの
重力加速度に
耐えなければ
ならない。
ジェットコースターの
乗車時に感じるのは
5Gにすぎない。

アンデスコンドルは
猛禽類で最大で、
体重は15kg、
翼幅は3.2m
にも達する。
猛禽類の
最新の種は
イエメンで
2010年に
発見された
ソコトラノスリ
である。
ハクトウワシの握力は人間の10倍強い！
ハヤブサは
8km
先からでも
獲物を見つけることができる。
人間よりも3倍遠くまで
見ることが可能だ。
時速320kmの
ハヤブサの急降下は
鳥類で最速だ。
アカオノスリは
30m
上空からでも
ネズミを見つける
ことができる。
飛行中、ハヤブサの心臓は
毎分350回拍動する。
ほとんどのワシは
自分の体重より
重い獲物を
運ぶことができる。

Brilliant birds of prey

猛禽類

猛禽類（もうきんるい）は他の動物を狩って餌にする。肉食鳥とも言われる猛禽類にはワシ、ミサゴ、タカ、ハゲワシが含まれる。猛禽類がふだん食べているのは主に魚類やげっ歯類、トカゲ、死肉である。次の食べものを探し出すのに役立つ並外れた視力、かぎ状のくちばし、さらに鋭く力強いかぎ爪をもつ。

ミサゴの餌は
99%が
魚である――**魚鷹**（うおたか）の
異名もあるほどだ。

マダガスカル
ウミワシは
もっとも希少なワシで、
野生に生息する
個体数は
240羽以下だ。

飛翔力のある鳥で
最重量種とされるのは
絶滅した
アルゲンタヴィス・
マグニフィセンス、
重さ**72kg**の
ハゲワシで、
500~800万年前
に生息していた。

オウギワシのメスは
時速32kmで
舞い降りて、
ホエザルや
ナマケモノなどの
大きな獲物に
飛びかかる。

ハゲワシの**胃酸**は
ph1
のため細菌を
問題なく消化できる。
これほど**強力な**
胃酸をもつ動物は
他にいない。

第二次世界大戦中、
調教されたタカが、
英国からヨーロッパへ向けて
放たれた**1万6,500羽の**
伝書バトを襲った。

猛禽類は
560種
以上いる。

Hooting owls

フクロウ

フクロウの仲間は200種以上いる。ほとんどの種が夜行性で、すぐれた視力と聴力を活用しながら、鋭いくちばしとかぎ爪を使って狩りをする。何層にも重なった柔らかい羽毛をもつため、音を立てることなく飛行し、急降下して無防備な獲物に襲いかかることができる。

世界最小として知られるフクロウは米国南東部とメキシコに生息する**サボテンフクロウ**だ。体重は**50g**で体長は**14cm**、**空き缶くらいの大きさ**だ。

世界最大のフクロウ、ワシミミズクが翼を広げた長さは1.5mになる。

フクロウは**きわめて鋭敏な聴覚**をもつ。**23m**先からでも**ネズミ**が小枝を踏んだ音を**聞き取れる**。

フクロウの眼球は**体重**の**3%**を占める。

フクロウのメスは**オスよりも**だいたい**25%大きい**。

フクロウの目玉は**大きすぎて動かすことができない**。そのため頭を回転させてあたりを見まわす。最大で**270°** **頭を回転**させられる。

すべての鳥類同様、**フクロウ**も**まぶたが3対**ある。1対は**まばたき**のため、1対は**睡眠**のため、そして1対は**眼球のほこりを払う**ためである。

フクロウは一度に最大で**13個の卵**を産む。

フクロウの**夜間視力**は驚異的で、**人間の100倍もすぐれている。**

メンフクロウは**年間**平均**1,000匹の**
ネズミを丸ごと呑み込む。

オナガフクロウは**30cmの積雪の下**で**獲物**が動きまわる音を**聞き取る。**

ごく一般的に見られるフクロウは**コキンメフクロウ**かもしれない。推定生息数は**500~1,500万羽**で**ヨーロッパ全域と北アフリカ、アジア**に分布する。

フクロウは腺胃と砂嚢の**2つに分かれた胃**をもつ。骨や毛皮や羽毛は砂嚢で**押し潰されペリットとなって吐き戻される。**

頸椎の骨の数は**ほとんどの鳥類**が**7個**だが**フクロウ**には**14個**ある。

南北アメリカに生息する**アナホリフクロウ**はアナグマやプレーリードッグが地下に掘った巣穴を再利用する。**餌の80%は昆虫類**だ。

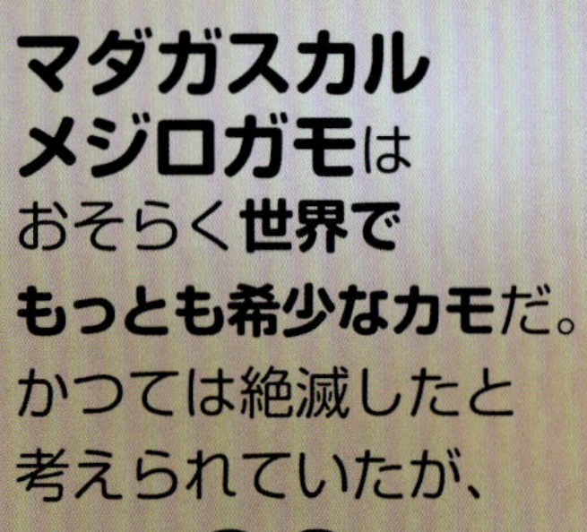

マダガスカルメジロガモはおそらく**世界でもっとも希少なカモ**だ。かつては絶滅したと考えられていたが、現在は**90羽ほどが生息する。**

ビッグ・デイヴという名の**バリケン**は**競売で1,500ポンドで競り落とされた。**

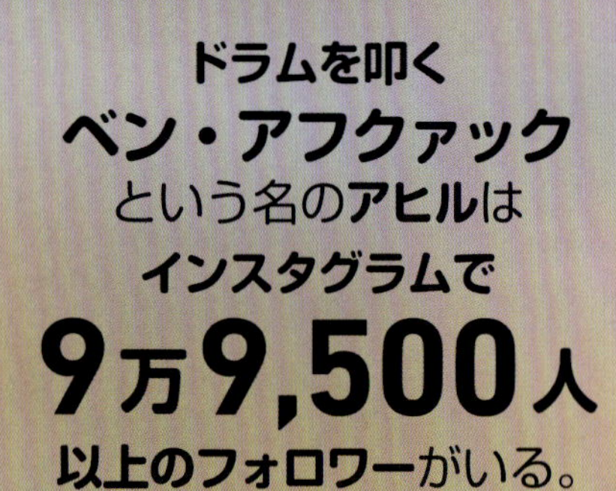

ドラムを叩く**ベン・アフクァック**という名の**アヒル**は**インスタグラムで9万9,500人以上のフォロワー**がいる。

ほとんどの**カモの卵**はおよそ**28日**で孵化するが、バリケンの卵は**35日**かかる。

アイガモは家禽（かきん）化されたカモの**最小種**で、**体重は1kgに満たない。**

飼育下だと**アヒルはニワトリよりも多くの卵を産む。**大きさもアヒルの方が**3分の1**ほど大きい。

Daring ducks

カモの仲間

コブガモのオスは**くちばしの上にコブ**があり、**繁殖期**には**3倍**の大きさになる。

カモの仲間は川や湖の近くで生息する種が多い。羽は尾腺から分泌される特殊な油分のおかげで水をはじくことができる。カモはくちばしを使ってその油分を体全体に広げてぬり、保護膜を作り出している。水かきのある足を使って水の中をすいすいと進み、くちばしで水草をつつく。

およそ**1万3,500羽**のオシドリが**冬季**を**英国**で過ごす。

あるペキンアヒルは**史上最重量**の**227g**の**卵**を産んだ。その卵の中からはもう1個、卵が発見された。

カモは**1つの大陸を除いて**すべての大陸に生息する――**南極大陸にはいない。**

ほとんどの**カモのオス**は**年に2回**羽毛が抜けかわる。

子ガモは通常孵化後に最長**60日間** **母鳥と過ごし、**泳ぎと餌の見つけ方を習得する。

カモの羽毛が抜けかわるときは、**新しい羽毛が生えそろって再び飛べる**ようになるまで約**30日**かかる。

ほとんどのカモは5~10年生きるが、**29年生きた例**もある。

マガモの眼の形と配置から、**360°の視野**をもつことがわかる。

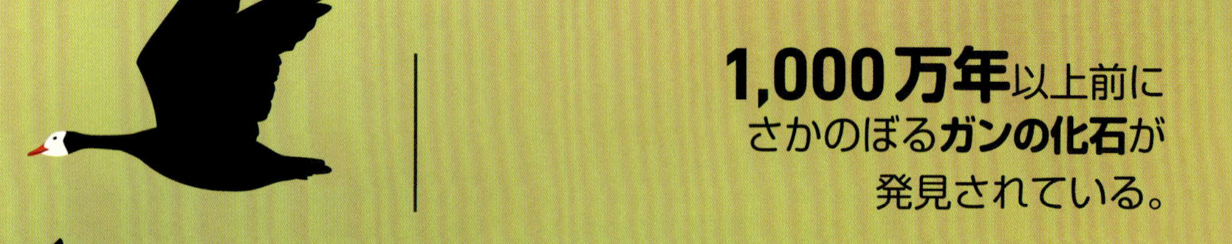

最高で
時速**142km**を
記録した
ツメバガンは
飛行する水鳥で
最速だ。

1,000万年以上前に
さかのぼる**ガンの化石**が
発見されている。

大型のガンは
毎日草を
1kg以上**食べる**。

1932年、**米国**にいる
ナキハクチョウの数は
わずか**77羽**ほどだった。
保護の取り組みがみのり、
現在は6万3,000羽
以上が生息する。

カナダガンの移動は、
追い風が
吹いていれば、
24時間で2,400kmに
およぶこともある。

世界最小のハクチョウ、
クロエリハクチョウは
全長**102~124cm**
だが、**南アメリカ**に
生息する**水鳥**では
最大だ。

声を出すのに
英名が
「鳴かない白鳥」の
コブハクチョウの
体重はおよそ
15kg。

コハクチョウは
北極地方と**北アメリカ**の間の
5,995kmを、
1年に**2回往復**する。

Geese and swans

ガンとハクチョウ

ガンとハクチョウはカモの近縁種で、3種とも水鳥として知られる。これらの鳥は通常生涯にわたり1羽とつがい関係を続けるが、一方が死ぬと、残されたものは新たな相手を見つけることがある。また子を産めなくなると、つがいを解消することもある。

1977年、米国オハイオ州でガンの**スペックル**は、**680g**もある、**史上最重量の卵**を産んだ。

コブハクチョウの卵は**孵化するまで35~41日**かかる。

他の鳥同様、**ハクチョウ**も**1本脚**で**簡単にバランスを取る**ことができる。こうすることで足から**放熱を防ぐ**。

ガチョウのヒナは生後**約10週間で飛ぶことができる**が、通常は**1歳**になるまで**親鳥と一緒に過ごす**。

英国のソーントンで飼われていた**ガンのジョージ**は、**49年8カ月**生きて**最長寿記録**を塗り替えた。

コブハクチョウは**1年**に**最大で7個の卵**を産む。

Storks, ibises, ans herons

コウノトリ、トキ、サギ

サギは南極を除くすべての大陸に生息する――コウノトリとトキもほとんどの地域にいる。首と脚が長く、魚と昆虫を食べる点はどれも共通しているが、違いも多い。サギはS字型の首をしており、コウノトリは鳴かないかわりにくちばしをカタカタ鳴らす。

アフリカハゲコウは**コウノトリ**の仲間で**最大**だ。体高は**1.52m**、体重は**8.9kg**ある。

アメリカトキコウは**くちばしを開けたまま**水中に突き刺す。魚が触れると**0.025秒で閉じて**獲物を捕らえる。

シュバシコウは生涯1羽のパートナーとつがう。

アフリカハゲコウの**翼を広げた長さ**は
コウノトリの
仲間では**最長**で、
3.2m
にもなる。

コウノトリのメスは
一度に最大で
7個の卵を産むが、
成鳥になるまで生き残るのは
一部である。

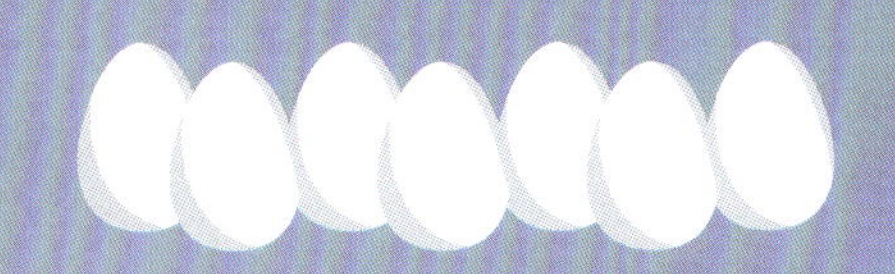

トキの**最小種**、
ムナフトキの
体高は、
47cm、
最大種オニトキの
半分以下だ。

コウノトリの巣は
幅が1.8m、
深さは2.7mで、
小型の鳥と
共用する。

ホオアカトキは
トキの中で**唯一**、
赤い顔と頭に**羽毛が**
1本も生えていない種だ。

ホオアカトキは**野生で**
200~250羽ほどしか生息していない。

ショウジョウトキは
繁殖期になると最大で**2,000個**の
巣がある**集団繁殖地**で生活する。

ショウジョウトキは
黒い羽毛で生まれるが、
2年経つと、
餌にしている甲殻類の
色素で赤に変化する。

シロハラサギは
希少種のサギで、
野生で生息するのは
60羽以下である。

サギ類は
餌を嚙まない。
一呑みで**魚を丸ごと**
食いつくす。

オオアオサギの
視力は**人間の**
3倍もすぐれて
いる。

アオサギのヒナは
誕生後約**50日**間
巣で過ごし、
その後も**11週**間は
親鳥のそばを
離れない。

オオアオサギは
毎日900gもの
魚を食べる。

Fantastic flamingo

フラミンゴ

脚の長いフラミンゴは湖や沼のほとりを渡り歩いて餌をあさる渉禽類(しょうきんるい)の鳥である。薄いピンク色の羽毛で知られるが、生まれたときの羽毛の色は灰色や白だ。フラミンゴは藻類やエビなどの甲殻類、植物プランクトンなどを食べる。プランクトンに含まれる色素化合物がフラミンゴの羽毛をピンク色に変える。

前向きの**3本の趾**(あしゆび)の間に水かきがあるおかげで、フラミンゴの**足は沈まない**。

フラミンゴのかかとは脚の**半分**の位置にある。

繁殖期には**100万羽**以上の**コフラミンゴ**が**アフリカの大きな湖**で見られる。

通常**フラミンゴ**は**卵を1個**産む。**親鳥はどちらもヒナの世話をし**、自分たちの消化管から分泌される液体をミルクとして与える。

オオフラミンゴの**グレーター**は、**オーストラリアのアデレード動物園**で史上最高齢の**83歳**まで生きた。

フラミンゴの仲間は**6種**いる。

フラミンゴは**口と喉の特殊な内壁**のおかげで**60℃**の熱いお湯を飲むことができる。

フラミンゴが翼を広げた長さは**1.8m**もある。

フラミンゴは異性を**引き寄せるためにダンスをする。ダンスの動き**の組み合わせは少なくとも**136通り**ある。

フラミンゴは**1本脚**で立ったまま**寝る**。

フラミンゴはしばしば**暗闇の中を飛び**、一晩に**560km**以上移動することもある。

2歳になる頃に**フラミンゴの体の色はピンク色に変わる**。

ほとんどの**フラミンゴ**は**1日に水を18リットル飲む**。

フラミンゴは**2羽**から**数十万羽**もの集団で暮らす。

フラミンゴの仲間でただ**1種**、黄色の脚をもつのが**アンデスフラミンゴ**だ。

フラミンゴは**頭を逆さ**にして**食べる**。**首**には**骨**が**19個**あるからとてもしなやかだ。

Sensational Seabirds

海鳥

海鳥は沖合の島や海岸での暮らしに適応している。他の鳥類よりも長生きすることが多い。カモメ、ウミガラス、トウゾクカモメ、シロカツオドリは海に生息するわずかな鳥類だ。同じく海に暮らすカツオドリの英名はスペイン語で「まぬけ」を表す言葉からきている――陸上ではぎこちない動きをするからだ。

オオウミガラスは**ウミスズメ科で最大の種で**体高は**85**cmあったが、**乱獲されて19世紀に絶滅した。**

ハシブトウミガラスは飛行する鳥の中でもっとも深く**潜水**し、海面下**210**mまで達することもある。

ウミガラスは野生で**38年**生きる。

ヒメカモメはその名のとおり世界最小のカモメで、**翼を広げた長さ**はわずか**60**cmだ。

マダラウミスズメは他のどの鳥よりも高い所に巣を作る――地上から**45**mの高さだ。

シロカツオドリには両眼視力があり、**11**km先の漁船も**見つけられる。**

カモメの最大種、オオカモメが**翼を広げた長さ**は**1.6m**ある。

ツノメドリは1分間に400回も羽ばたきする。
シロカツオドリは
時速96kmで
水中に
飛び込む。
アオアシカツオドリは
一度に卵を2、3個産む。
たいていは最初に
孵化した
ヒナだけが
生き延びる。
カツオドリの
コロニーには
200羽
集まること
もある。
アオアシカツオドリの
ヒナは白い足で生まれる。
6カ月後に足は
青色に変わる。
トウゾクカモメは
7大陸
すべての沿岸部に
生息する。
カモメは下腿の中ほどに
1本の小さなかぎ爪がある。
これを使うことで、
落ちることなく崖の棚や
岩礁にとまっていられる。
カモメの仲間は
60種近くいる。
アカアシカツオドリは
餌を求めて最大で
150km
も移動する。

Astonishing albatrosses

アホウドリ

この堂々たる海鳥はグライダーのように滑空することで知られる。細長い翼を羽ばたかせることなく、何時間も空中に浮かんだままでいられる。通常は繁殖のためにのみ陸地を訪れる。彼らは空中にいるときの方がはるかに優美で、地上では動きが鈍く、前に転倒することもある。

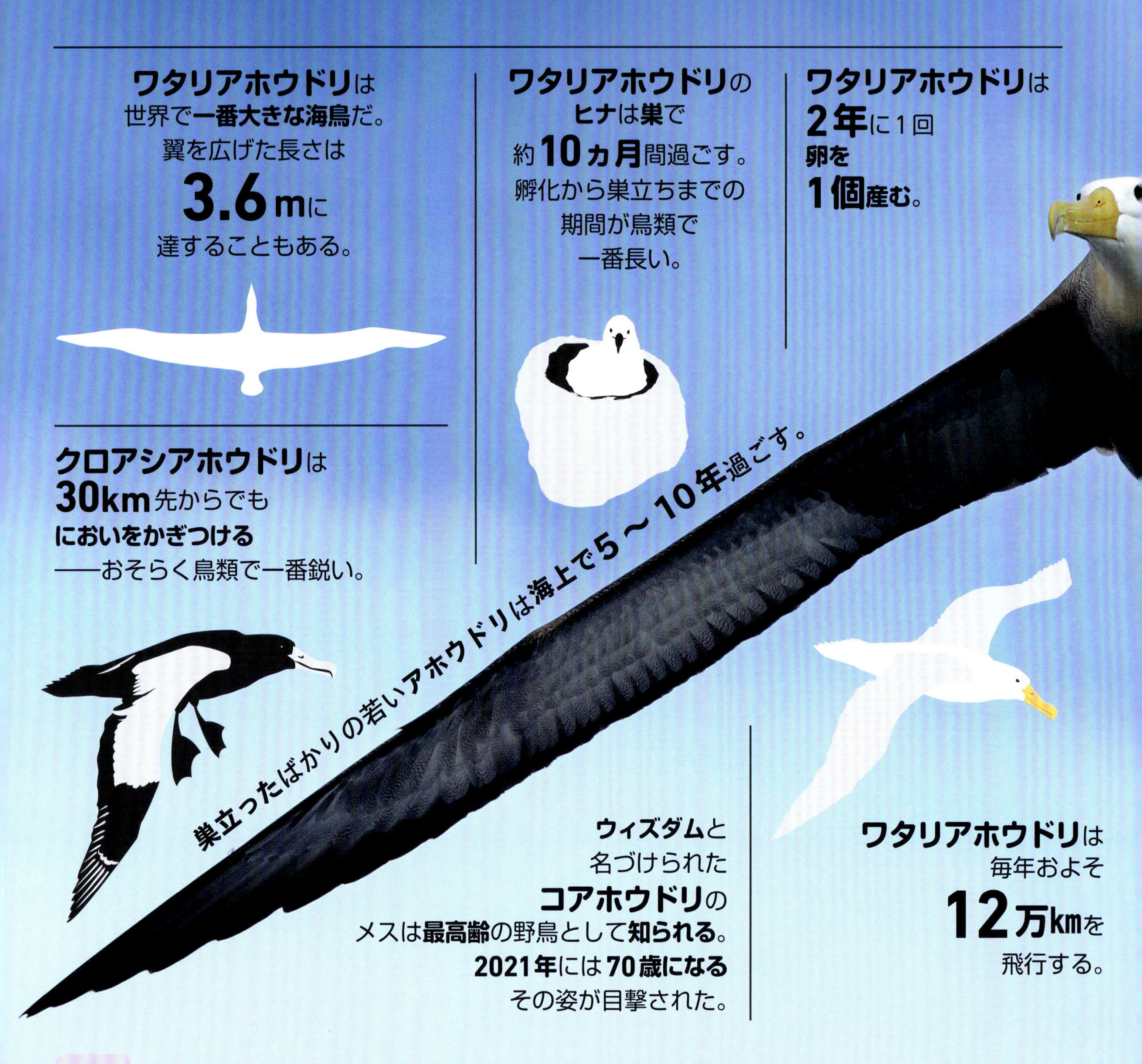

ワタリアホウドリは
世界で**一番大きな海鳥**だ。
翼を広げた長さは
3.6 mに
達することもある。

ワタリアホウドリの
ヒナは**巣**で
約**10ヵ月**間過ごす。
孵化から巣立ちまでの
期間が鳥類で
一番長い。

ワタリアホウドリは
2年に1回
卵を
1個産む。

クロアシアホウドリは
30km先からでも
においをかぎつける
――おそらく鳥類で一番鋭い。

巣立ったばかりの若いアホウドリは海上で5～10年過ごす。

ウィズダムと
名づけられた
コアホウドリの
メスは**最高齢**の野鳥として**知られる**。
2021年には**70歳になる**
その姿が目撃された。

ワタリアホウドリは
毎年およそ
12万kmを
飛行する。

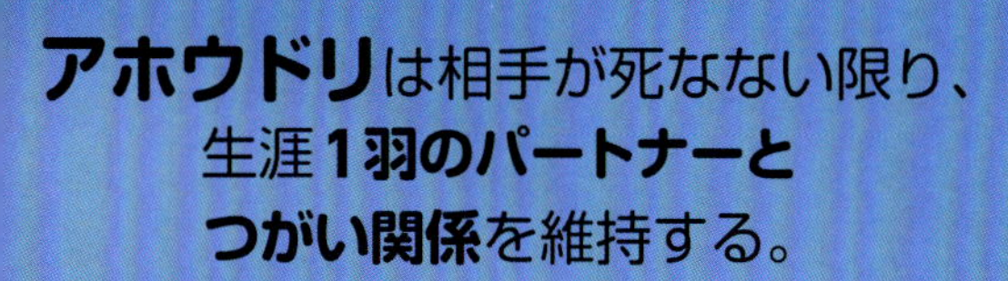

アホウドリは相手が死なない限り、
生涯**1羽のパートナーと**
つがい関係を維持する。

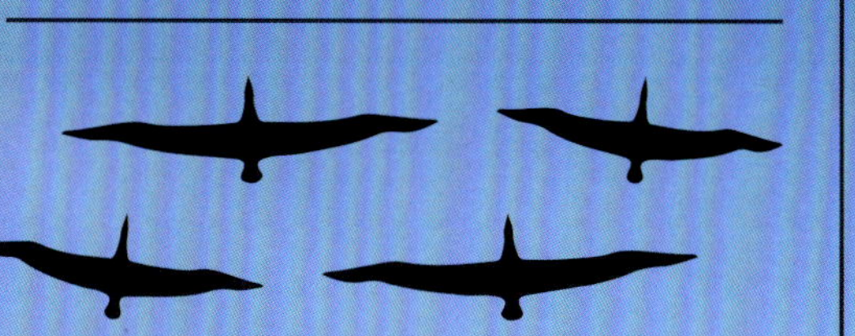

アホウドリの仲間は
22種いる。

コアホウドリの
求愛ダンスは
24種類のステップがある。
ダンスを習得するまで相手を
見つけることはできない。

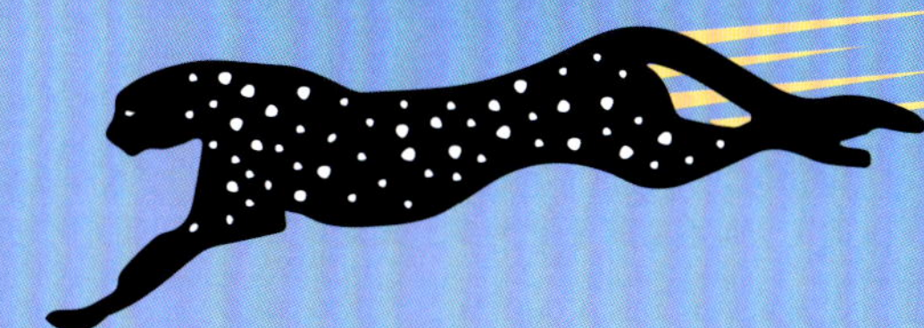

ハイガシラアホウドリは
チーターが走るよりも
速く飛ぶことができる。
平均速度は
時速127㎞だ。

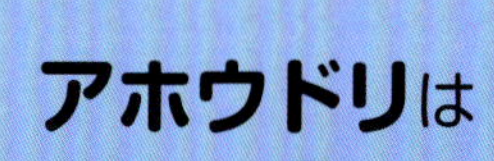

アホウドリは
水面下**1m**
までしか潜らない。

アホウドリは
くちばしの両脇に
2本の管がある。
これは長い鼻孔で、
餌とともに飲み込んだ
海水の塩分を取り除く。

アムステルダムアホウドリは
絶滅寸前種だ。
残っているのは
約**170羽**だけで、
インド洋の１つの島で
生息している。

あるアホウドリは
46日間で
世界１周飛行した。

ハワイのオアフ島では、
コアホウドリのつがいの
31%が
メス同士だ。

渡り鳥の最長移動距離

キョクアジサシ・*Sterna paradisaea*
北極から南極・**9万6000㎞**
キョクアジサシは毎年繁殖期が終わると北極から南極まで飛行する。寿命が30年を超えるキョクアジサシは一生の間に240万km以上飛ぶ。

2 **ハイイロミズナギドリ・*Ardenna grisea*・7万4,000㎞**
ニュージーランド、南極、南アメリカから北アメリカ、アフリカ
ハイイロミズナギドリは、通常は単独で行動し、冬にははるか北の地へ飛び立つ前、ニュージーランドやフォークランド諸島などで繁殖する。

3 **ハシボソミズナギドリ・*Puffinus tenuirostris*・4万3,000㎞**
オーストラリアからロシア、米国
この海鳥は９月から５月にかけてオーストラリアやタスマニアの沿岸部で繁殖し、５月になると太平洋を集団で北上し、ロシア北部へ向かう。

4 **オオソリハシシギ・*Limosa lapponica*・2万9,000㎞**
スカンディナヴィア半島、アラスカからアフリカ、ニュージーランド、オーストラリア
オオソリハシシギは毎年の渡りの間、最長の無着陸飛行をする――採餌のためにとまることなく最長１万1,680㎞の距離を飛び続ける。

4 **アメリカウズラシギ・*Calidris melanotos*・2万9,000㎞**
シベリア、カナダからオセアニア、南アメリカ
この渉禽は夏をロシア北部、アラスカ、カナダ北部で過ごしてからオセアニアや南アメリカへ向かう。

4 **ハシグロヒタキ・*Oenanthe oenanthe*・2万9,000㎞**
アジア、ヨーロッパ、グリーンランド、アラスカからアフリカ
ハシグロヒタキは北半球の繁殖地を飛び立つと海や砂漠を超える長い飛行を敢行して越冬地のサハラ砂漠以南の地域へ向かう。

7 **セグロサバクヒタキ・*Oenanthe pleschanka*・1万8,000㎞**
ヨーロッパ、中国からインド、アフリカ
この小さな、昆虫を常食するスズメ目の鳥は珍しく東から西へ移動し、インドやアフリカで冬を過ごす。

8 **コオバシギ・*Calidris canutus*・1万4,000㎞**
北極圏からアフリカ、オーストラリア、中南米
北極圏の海岸線で繁殖した後、コオバシギは亜種により異なる渡りルートを通る。アフリカの喜望峰へ渡る亜種や、オーストラリアやニュージーランド、あるいは南アメリカの南端へと渡る亜種もいる。

9 **アデリーペンギン・*Pygoscelis adeliae*・1万3,000㎞**
南極大陸
この中型のペンギンは、いつでも海水に入れるよう、海が一面に凍りつくときには海氷の形成を見守る。

10 **ツバメ・*Hirundo rustica*・1万1,660㎞**
北アメリカ、ユーラシアから南アフリカ、南アメリカ、南アジア
春に日本にやってきたツバメは、建物の軒先などに巣を作って子育てをし、秋になると東南アジアへ渡って越冬する。

Perching birds

スズメ目

スズメ目という言葉を聞いたことはなくても、この区分に属す多くの鳥を知っているはずだ。カラス、ヒバリ、ツバメは全部スズメ目の鳥で、木にとまるのに適した足をもつ。趾(あしゆび)でとまり木をしっかりとつかみ、寝ているときも固く握って決して離さない。

ほとんどの**ツキヒメハエトリ**は**生涯1羽とつがう**が、中には**2羽のメスとつがい、2つの巣**の間を飛びまわってヒナの面倒をみる**オスもいる。**

もっとも個体数の多い野生の鳥は**コウヨウチョウ**である。**15億羽**以上の成鳥がいる。

美しい声でさえずる鳴禽類(めいきんるい)は**スズメ目**である。およそ**6,000種**いる。

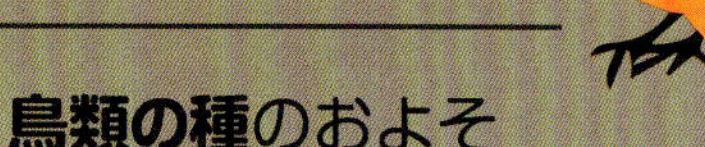

タイランチョウは**鳥類で最大の科**を形成し、種数は**400種**を超える。

1975年から**1978年**まで、英国のフリックリー炭鉱の地下**640m**に**3羽のイエスズメ**が暮らしていた。

鳥類の種のおよそ**60%**はスズメ目に属す。

生まれたての**コキンチョウ**には羽毛がない——**色鮮やかな美しい羽毛**は**生後12日目頃**から生え始める。

ヒバリは世界中におよそ**90種**が分布する。

チャイロツグミモドキは**同時に4種類の音**を出すことができる唯一の鳴き鳥だ。

ノビタキのさえずりは**2個の石**を**打ち鳴らしている**ように聞こえる。

記録に残る最長寿のヨーロッパコマドリは19年生きた。
ホウコウチョウは巣を2つ作る。偽の巣を本物の巣の上に置いて捕食者をだます。
カラスは100語以上の単語と、最大で50文をそっくりまねることができる。
ほとんどのスズメ目は全長が12.5~20cmだが、ゴクラクチョウの1種、オナガカマハシフウチョウは1.1mもある。
鳴き鳥の中にはつがいでデュエットをするのもいる。メスはわずか0.135秒でオスに応答する。
スズメ目は各足に4本の趾（あしゆび）がある――3本は前向きに、1本は後ろ向きに生えている。
スズメ目の尾羽は通常12枚の羽からなる。

第5章 哺乳類 MAMMALS

Magnificent marsupials

有袋類

有袋類とは、子どもを未熟な状態で出産し、母親のおなかにある袋（育児のう）で育てる哺乳類で、250種以上が生息している。赤ちゃんは、母親の袋の中でしっかりと保護されながら、乳首に吸いついたまま母乳を飲んで成長する。

有袋類で**最速**の動物は**時速64km**を出した**オオカンガルーのメス**である。

コアラは**居眠りが大好きだ。夜間に4時間**かけて葉っぱを食べると、平均**18時間は寝て**過ごす。

アカカンガルーは最大の有袋類で、7.6m以上跳ぶことができる。

地下で生活する**ウォンバット**の**巣穴**は長さ**200m**におよぶこともある。

最小の有袋類、**ピルバラニンガウイ**の体長は約**5cm**、体重はわずか**9.4g**。

クマドリスミントプシスは哺乳類で一番**妊娠期間が短い**。わずか**11日**で出産する。

最小の有袋類の赤ちゃんはオーストラリアに生息する**フクロミツスイ**だろう。重さは**0.005g**以下で**コメ1粒**と同じくらいだ。

オオフクロモモンガは手首と足首をつなぐ**幅の広い飛膜**を使って**木の間を115m滑空する**。

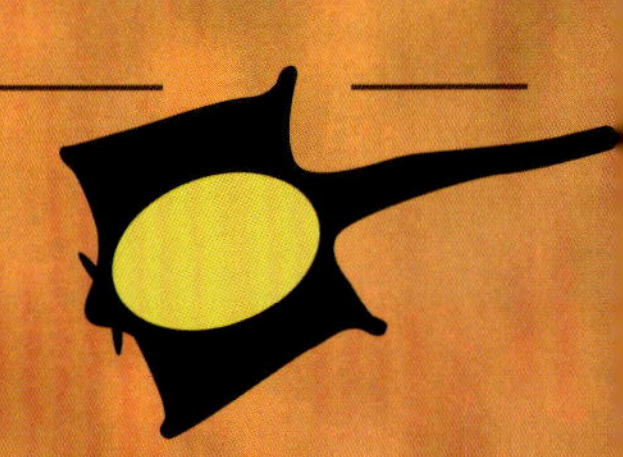

ほぼ**シロアリ**だけを
ベトベトした舌で
ズーズー吸い込んで**食べる**
フクロアリクイだが、
歯は52本あり、
有袋類で最多だ。

カンガルーとキックボクシングを
してはならない。
アカカンガルーは
344kgの力で
強烈なキックを
繰り出してくる。

生まれたての
アカカンガルーの
子どもは成獣の
9万分の1の
重さしかない。

肉食性の有袋類で最大の種は
タスマニアデビルである。
噛む力が強く、あごを**80°**に
開くことができる。

フクロモモンガダマシは
50年以上目撃例がなく、
絶滅したと思われていたが、
1961年に**再発見**された。

ブーラミスは
1966年に生きた個体が発見された。
科学者たちはそれまでこの種を
1万年前の化石としか
考えていなかった。

Armadillos, sloths, and anteaters

アルマジロ、ナマケモノ、アリクイ

姿は似ていないかもしれないが、アルマジロとナマケモノとアリクイは近縁で、ギリシア語で「奇妙な関節」を意味する「異節類」と呼ばれる上目に分類される。異節類の背骨には腰部を強化する余分な関節がある。アリクイとアルマジロが狩りをするときにこれが機能し、うまく獲物を掘り出すことができる。

甲羅をもつ**唯一**の哺乳類、それが**アルマジロ**だ。

オオアルマジロは体長**1.5m**、体重**30kg**にもなる。

2種のアルマジロだけが**球状に丸まる**ことができる。**両方**とも**ミツオビアルマジロ**だ。

オオアルマジロには最大**100本の歯**がある。陸生哺乳類でもっとも多い。

ココノオビアルマジロはしばしば**一卵性の4つ子**を産む。4匹の赤ん坊は常に**全匹オスか全匹メス**だ。

オオアルマジロは動物界**最大のかぎ爪**をもつ。1本のかぎ爪の長さは**20.3cm**にもなる。

小さな**ピンク色のヒメアルマジロ**の
体長は**11.5cm**、体重は**120g**ほどだ。

ノドジロミユビ
ナマケモノは
長いかぎ爪を
使って
18時間
枝から
ぶらさがって
いられる。

ナマケモノが
1枚の葉を
消化するのに
最大**1ヵ月**
かかる。

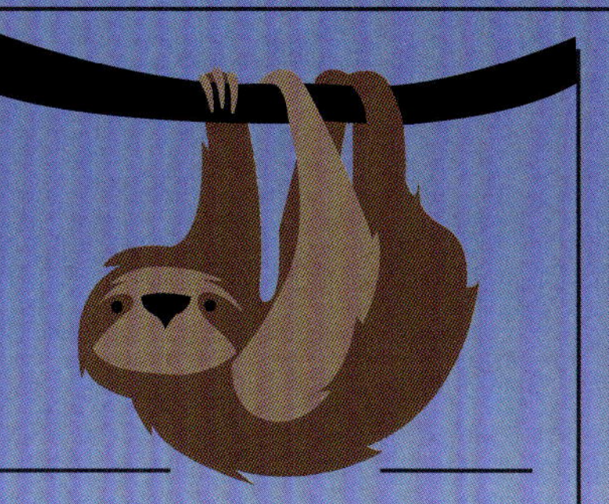

ナマケモノは
哺乳類の中で
もっとも動き
が緩慢で、
最高速度は
時速0.24kmだ。

ナマケモノは
40
分間
息をとめて
いられる。

もっとも希少な
ナマケモノ、
ヒメミユビ
ナマケモノは、
パナマ近くの
小さな島に
300頭ほどが
生息する。

オオアリクイは
1日に3万匹もの
アリやシロアリを
食べる。

アリクイは
非常に**すぐれた**
嗅覚をもつ。
人間の
40倍も
敏感だ。

オオアリクイは陸生哺乳類で**最長の舌**をもつ――長さは**60cm**以上ある。

体重が
455g以下の
ヒメアリクイは
単一種と
考えられていた。
だが近年、
少なくとも
7種に分かれる
ことがわかった。

Hedgehogs, moles, and tenrecs

ハリネズミ、モグラ、テンレック

ハリネズミとモグラは多くが食虫動物、すなわち、昆虫やミミズなどを食べる小型の哺乳類である。ハリネズミとテンレックはどちらもとげをまとって身を守っている夜行性のハンターだが、遠縁にすぎない――テンレックは実はハリネズミよりもゾウに近い（！）種である。

ナミハリネズミは、最大で**2.5cm**の長さの、平均**5,000本のとげ**で**守られて**いる。

ホシバナモグラは**2万5,000個**の微小な**触覚受容体**を備えた**きわめて鋭敏な鼻**をもつ。

ヒメハリテンレックはテンレックの仲間で**もっとも長生き**な種のひとつだ。アムステルダム動物園で飼育されていた１匹は**16歳**まで生きた。

ナミハリネズミは約**5ヵ月**間冬眠する。夏は**18時間寝て**過ごす。

砂漠に住む
サバクキンモグラは
砂を50cm
掘って涼しく保つ。

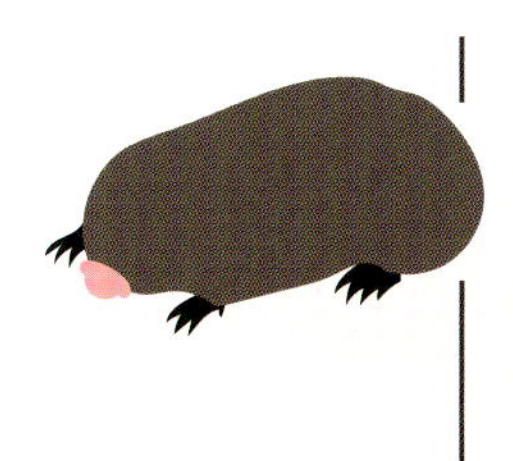

1972年、１回の出産で
31匹もの
子どもを産んだのは、
オランダのワッセナー動物園
にいた**テンレック**だ。

ホシバナモグラの
鼻には**獲物の在りかを**
探しあてるのを助ける
22本の触手がある。

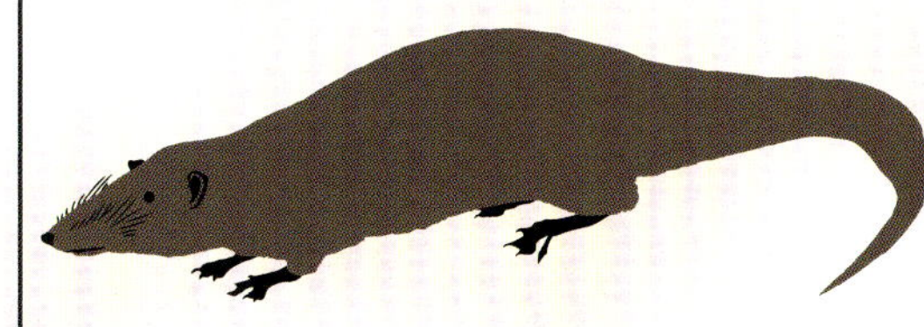

ハリネズミは**2,300年**以上前の**古代ローマ**で、
肉ととげを利用するために**飼育**されていた。

もっとも早食いの哺乳類、
ホシバナモグラは、
0.12秒で獲物を
平らげる。

テンレックの最大種は
水に住む。
コンゴ民主共和国の
ポタモガーレは
全長**64cm**にもなる。

マダガスカル産の**キシマテンレック**のメスは生後わずか**3〜5週間**で**親**になることができる。

ハリネズミの脚は短いが、
食べものを探して
一晩で**3km**移動する
こともある。

ハリネズミは
母親のもとを
生後**4〜7週間**
以内に**離れ**、
たいていは
1匹で暮らす。

ハリネズミは脅威を感じると
球体に丸まるが、
時速9.5kmで
猛ダッシュして
逃げることもある。

Exciting elephants

ゾウ

最大の陸生動物であるゾウは、大きな耳介と、身を守るための長い牙と、食べものをちぎったりつかんだりするのに使える柔軟な鼻をもつ草食哺乳類だ。ゾウは３種いる。アフリカに生息するサバンナゾウ（ソウゲンゾウ）とマルミミゾウ（シンリンゾウ）、そしてアジアゾウだ。どの種も群れで暮らし、１頭のメスが群れを率いる。

ゾウは泳ぎがうまく、
48kmの距離を
6時間かけて
泳いだ記録もあるほどだ。

ゾウの子どもは
誕生時点で**重量級**だ。
体重の平均は
100kgほどで、
大柄な人間の大人と同じくらいだ。

ゾウは**食べものを探して**
1日に最大
145km
も**移動する。**

アジアゾウは
88年も
生きた例がある。

象牙の最長記録は
120年前にコンゴで
生きていたゾウのもので、
その長さは
3.49mに
およんだ。

アフリカゾウの成獣は
1日に
約**140kg**食べる。
ハンバーガーだと
約**1,200個分**
の量だ。

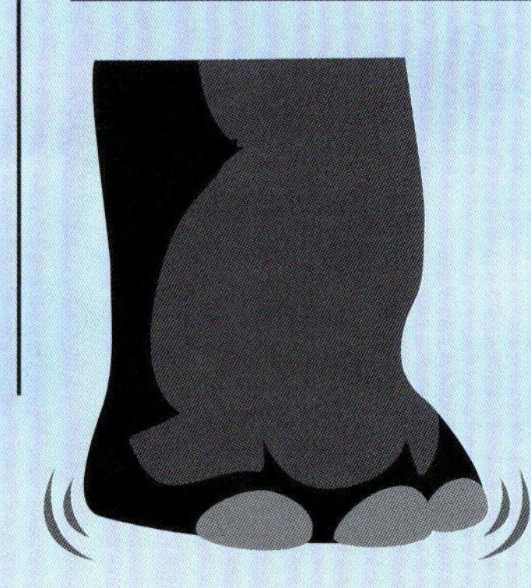

ゾウは
32km離れた
ところからでも
足を通して群れの
振動を感知する
ことができる
ようだ。

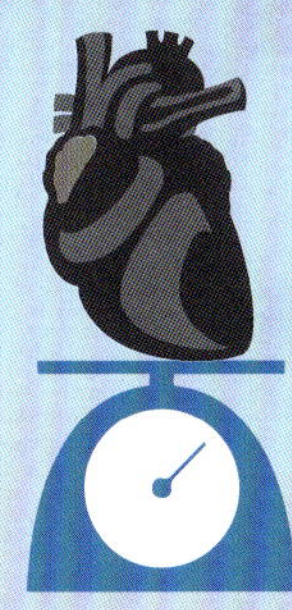

ゾウの心臓は
重さ**21kg**
にもなり、
人間の6歳児
と同じ
くらいだ。

ゾウの鼻は
上唇の拡張部分である。
2mほどの
長さに伸び、
重さは
150~200kg
になる。

アフリカゾウの
妊娠期間は
哺乳類で**一番長い**。
母ゾウは
22カ月間
子を宿している。

ゾウは食べものを
臼歯ですり潰す。
臼歯1本だけで
重さは**5kg**
にもなり、
大きさはレンガ
くらいある。

最大の陸生動物である**サバンナゾウ**の体重は最大で**12.25トン**にもなる。

ゾウの鼻は
約**4万もの**
筋組織で動きが
制御されている。

ゾウの子どもは
母乳を
4歳か**5歳**
になるまで飲む。

最大の哺乳類

1

シロナガスクジラ・*Balaenoptera musculus*
世界のすべての海・成獣の平均体重：**160トン**
シロナガスクジラは、現在地球上に生息する最大の哺乳類であるばかりでなく、地球にこれまで存在した最大の動物でもある——どんな恐竜よりも大きい。

2

サバンナゾウ・*Loxodonta Africana*・アフリカ
成獣の平均体重：**6.4トン**
ゾウの種で最大のサバンナゾウは陸に生息する最大の哺乳類だ。食欲もそれにふさわしく、毎日160kgの植物を食べる。

3

シャチ・*Orcinus orca*・世界中の海
成獣の平均体重：**5.4トン**
クジラなど大型の海洋哺乳類を捕食する海の王者としても知られるシャチは世界最大のイルカだ。シャチはシロナガスクジラの唯一の天敵である。

4

カバ・*Hippopotamus amphibius*・アフリカ
成獣の平均体重：**4.2トン**
カバは陸生動物最大の口をもち、あごを180°近くまで開くことができる。

5

シロサイ・*Ceratotherium simum*・アフリカ中部と南部
成獣の平均体重：**3.8トン**
シロサイはクロサイよりも大きく、上唇は平らで幅広い。一方、クロサイの上唇は先がとがっている。

6

ミナミゾウアザラシ・*Mirounga leonina*・南極と亜南極海域
成獣の平均体重：**3.6トン**
ゾウアザラシの名はゾウの鼻のような吻からきている。
潜水が得意で2時間も息をとめていられる。

7

マサイキリン・*Giraffa camelopardalis tippelskirchi*・アフリカ東南部
成獣の平均体重：**1.6トン**
キリンは陸生動物でもっとも背が高い。頭頂までの高さ5.5mはふつうだが、あるオスの個体は5.8mに達した。

8

ガウル・*Bos gaurus*・インドからインドシア半島にかけてのアジア
成獣の平均体重：**1.1トン**
ガウルは野牛の最大種で、体高は2.2mに達することもある。

9

セイウチ・*Odobenus rosmarus*・大西洋と太平洋
成獣の平均体重：**1トン**
セイウチには2つの亜種がある。タイヘイヨウセイウチと、それよりやや小型なタイセイヨウセイウチである。

0

ホッキョクグマ・*Ursus maritimus*・北極圏
成獣の平均体重：**0.8トン**
異論はあるにせよ、ホッキョクグマが陸上最大の肉食動物であることは衆目の一致するところだ。

Rabbits, hares, and pikas

アナウサギ、ノウサギ、ナキウサギ

これらはすべてウサギ目（兎形目）に属す。アナウサギ類とノウサギ類は見た目が似ており、混同されることがある。ジャックウサギ（jackrabbit）は本当はノウサギ（hare）で、アカウサギ（rockhare）は実際にはアナウサギ（rabbit）だ。一方、小型のナキウサギはしばしばネズミに間違われる。

ノウサギはおよそ**30種**、**アナウサギ**は**28種**、**ナキウサギ**は**29種**いる。

垂れ耳ウサギ（ロップイヤーウサギ）の耳は広げると**70cm**にもなる。

絶滅したウサギ、ヌララグス・レックスは**史上最大のウサギ**で、体重は**12kg**あった。

世界の**ウサギの種の**、約**2分の1**は**絶滅の危険性**がある。

1859年、ふとしたことから**24匹のウサギ**がオーストラリアのバーウォン公園に**放たれた**。**1951年**までにその数は**600万匹**に増えた。

ピグミーウサギは
世界**最小**のウサギである。
体長は**20cm**、
体重は
400g
しかない。

山岳地帯に生息する
ナキウサギは、
ヒマラヤ山脈の
海抜6,000m以上の
地点で
**姿が目撃される
こともある。**

**野生の
メキシコウサギ**は
7,000匹以下だ。
すべてメキシコシティ近郊の
火山の中腹に
生息する。

ノウサギは非常に
力強い後ろ脚をもつ。
オグロジャックウサギは
3m以上先に
跳ぶことができる。

ノウサギは最高時速80kmで走ることができる。

カンジキウサギは
カモフラージュのため、
夏は茶、冬は白の毛をまとう。
完全に**生えかわるのに
10週間かかる。**

ウサギの鼻には
**1億個の
嗅覚受容体**がある。
人間の鼻は
最大でも
600万個
しかない。

ウサギは
最大で**3km**先の
音を**聞き取り、
耳を270°回転する
ことができる。**

これまで知られている中で
最長のウサギ目の移動は、
カナダに住む1匹の
ホッキョクウサギに
よる**49日間
388km**の旅だ。

－5℃以下や**25℃以上**の気候では、
ナキウサギが生き残るのは困難だ。

Gnawsome rodents

げっ歯類

ハツカネズミ、ドブネズミ、リス、アレチネズミ、ビーバーを含め、げっ歯類は約2,000種いて、哺乳類全体の40％を占める。げっ歯類には一生伸び続け、自己鋭利化する門歯（前歯）があるため、木や固い殻の実をかじることができる。

世界最大のげっ歯類は南アメリカの湿地帯に生息する**カピバラ**である。体長は**1.3m**ほどで、ブタと同じくらいだ。

もっとも長生きのげっ歯類は東アフリカに生息する**ハダカデバネズミ**で、最長**28年間**生きる。

ホッキョクジリスは1年でもっとも寒い時期、**9カ月間**冬眠する場合がある。

尻尾を含めた全長が**1m**ある、リスで最大の**インドオオリス**は、全長**13.5cm**で**最小のアフリカコビトリス**の**7倍大きい**。

ムササビは、前肢と後肢の間にある、**毛で覆われた飛膜**を使い、木の間を最長で**450m**滑空する。

ドブネズミは**1匹**だけでも**1年**に**2万5,000個**の**糞**を落とす。

シルバーデバネズミは
げっ歯類最多の歯をもつ。
4本の門歯に加えて、
食べものをすり潰すための
24本の臼歯があり、
合計**28本**だ。

最小のげっ歯類は
パキスタンに生息する
バルチスタンコミミトビネズミである。
体長はわずか**3.6cm**——
親指よりも小さい。

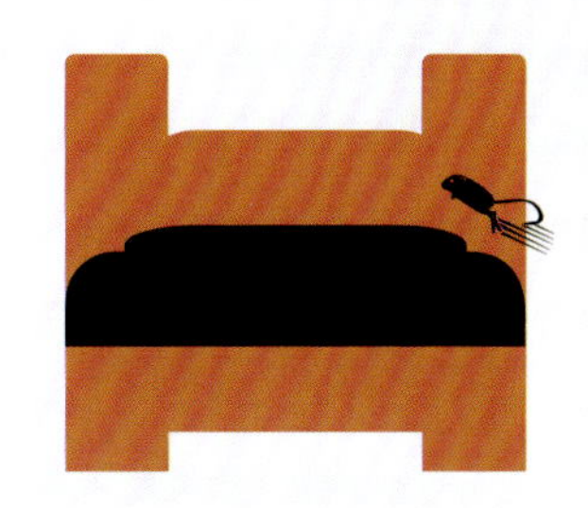

カンガルーネズミは
2mの距離——**キングサイズベッドの幅**——**を跳び越え**られる。

ノルウェーレミングは
わずか**生後14日**で**妊娠**可能になる。

攻撃から
身を守るために、
ヤマアラシは
約**3万本のとげ**に
覆われている。
長いもので
35cmに
伸びる。

リスは**30cm**の雪に埋もれた**木の実**もかぎつけられる。

プレーリードッグは
大きな社会集団で
生活し、他の集団と
ともに最大で
65ヘクタールに
広がる**町（タウン）**
を形成する。

ハツカネズミは**1年に10回**、
一度に平均**6匹**の子どもを
出産できる。つまり1年で
60匹もの赤ちゃんだ！

ヒメミユビトビネズミは
体長の10倍の高さに
垂直に**跳び上がる**こと
ができる。

Bushbabies, lemurs, and tarsiers

ガラゴ、キツネザル、メガネザル

ガラゴとキツネザルとメガネザルは、サルと類人猿の近縁にあたる原始的な霊長類である。ガラゴとメガネザルは夜行性で、暗闇でものを見るのに適した大きな眼をもつ樹上性の霊長類だ。大部分のキツネザルは社会的な動物で、メスが群れを率いる。樹上性のキツネザルもいるが、地上で暮らす種もいる。

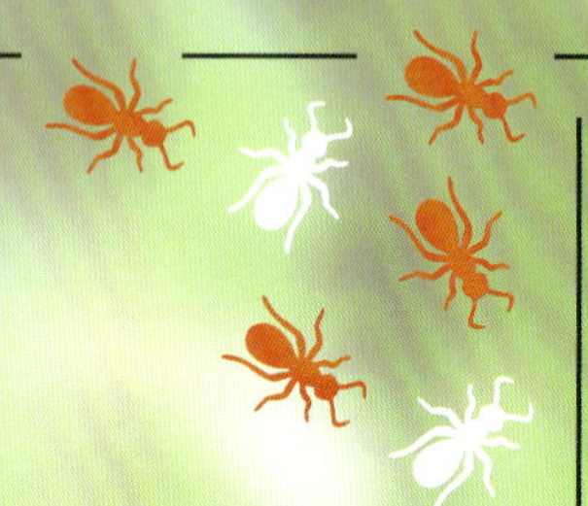

アイアイは**1秒に8回**の速さで中指で木を**叩いて昆虫**を探す。

メガネザルは**頭を左右に180°**近く**回転させる**ことができる。

アイアイの**手と指**の長さは前肢の**41%**にも達する。

世界最小の霊長類、ベルテネズミキツネザルの体重はわずか**30.6g**、鉛筆1本分ほどの軽さだ。

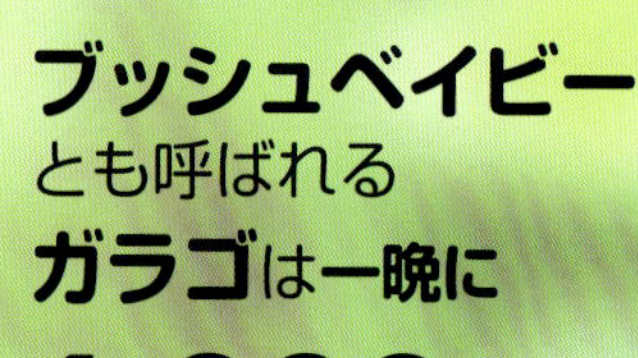

ブッシュベイビーとも呼ばれる**ガラゴ**は**一晩に1,000回**も**前歯**を使って樹皮を削り、その下の**樹脂**と**樹液**をすする。

マダガスカルには**100種**の**キツネザル**がいる。

メガネザルの赤ちゃんは**眼を開けたまま生まれ**、誕生から**24時間**以内に**木にのぼる**。

キツネザルと**メガネザル**は**現存する霊長類でもっとも古く**、約**5,500万年前**に出現した。

メガネザルの英名「Tarsier」は、
足にある長い**足根骨**
（tarsus bones）からきている。
後肢と足で**胴体の**
2倍の長さ
がある。

メガネザルは
70キロヘルツ
の**超高音波**の**鳴き声**で
会話するため、
人間には聞き取れない。

ワオキツネザルは社会性が高く、
25匹ほどの
群れで過ごす。

メガネザルの**眼**は
体長比で哺乳類**最大**である
──頭と胴の長さが
16cmで、
眼の直径は
1.6cmだ。

アイアイには
親指に
やや似た形の
第6の指が
両手にある。

尾の短いインドリは最大の
キツネザルである。
体長は**72cm**──
人間だと生後10ヵ月の
子どもくらいだ。

小さな
メガネザルは
体長の**40倍**の
約**5.4m**の距離を跳べる。

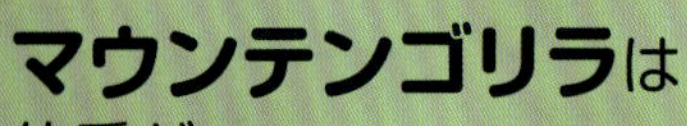

マウンテンゴリラは
体重が
220kgにもなる——
成人3人分の
重さだ。

マウンテンゴリラの
赤ん坊は生まれたときは
わずか**1.8kg**ほどで、
生後5ヵ月までは
母親の毛皮に
しがみついている。

成熟した**ゴリラ**は
1日14時間かけて、
25kgの
植物を**食べる。**

チンパンジーは
30種類の
鳴き声を使い分けて
仲間と交信し合う。

対策を講じなければ、**3種のオランウータン**すべてが**10年**以内に**絶滅**してしまうだろう。

Amazing apes

類人猿

類人猿のグループにはゴリラ、チンパンジー、オランウータン、テナガザル、ボノボ、そして私たち人間（ヒト）も含まれる。類人猿には人間と共通の血液型さえある。とはいえ、人間は一般に他の類人猿の2倍長く生きる。知能が高く、人間にもっとも近いこれらの哺乳類はアフリカと東南アジアの森林に生息する。

シロテテナガザルは**おとな2匹**と**その子ども**の家族群で生活する。おとなは**ペアで合唱**して絆を深める。

ボノボは**30~80匹**の集団で共同生活する。昼間は**小さなグループで狩り**をし、夜になると集団に戻る。

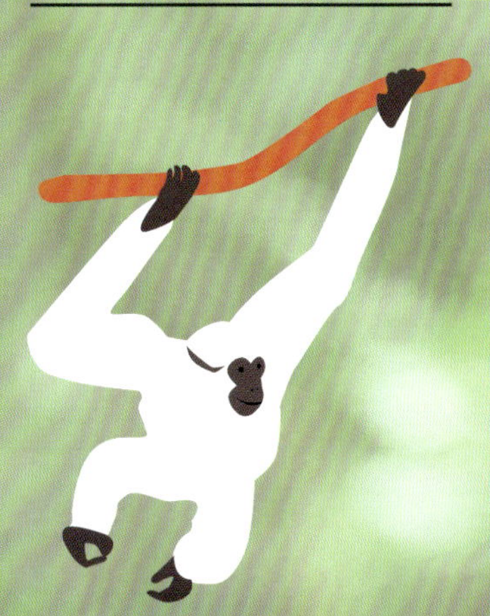

テナガザルは木の間を**腕わたり**しながら**時速56km**で移動できる。

ゴリラの**鼓膜**は他のどの動物よりも大きい——**97㎟**ある。

オランウータンのオスは単独で生活するのを好む。彼らは**1.9km**先まで聞こえる警告音を発する。

テナガザルは一跳びで**15.2m**先に飛び移れる。

オランウータンは、主に**樹上で暮らす**動物で世界最大だ。**起きている時間の90%**を木の上で過ごす。

チンパンジーは最大で**120匹**の集団で共同生活をする。

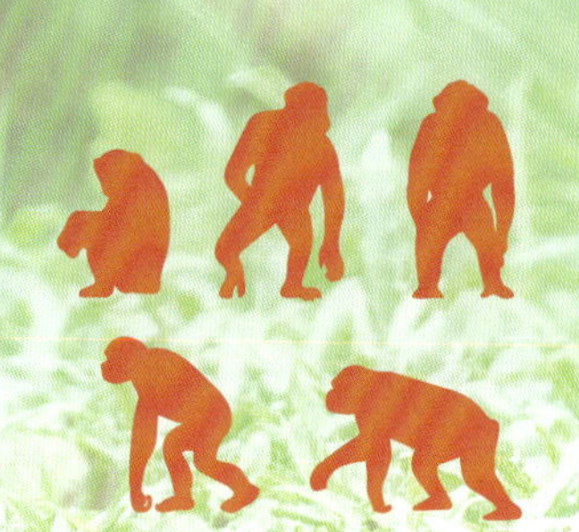

チンパンジーと**ボノボ**は、遺伝情報を含む**DNA**の**98.7%**を私たち人間と共有するため、**人間にもっとも近縁な生きもの**と言われる。

ゴリラの種で最大は**マウンテンゴリラ**である。野生での生息数は**1,100頭**以下だ。

ホエザルは
サルの仲間で
もっとも**活動性が低く**、
1日の**80%**を
休息にあてる。

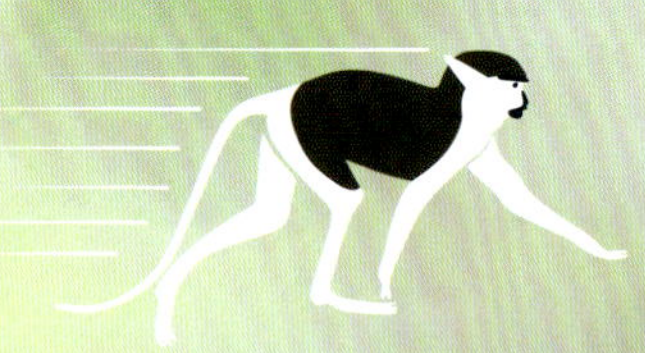

パタスモンキーは
地上を**時速55km**で
走ることができる、
最速のサルだ。

ヒヒは最長
40年
生きる。

ホエザルの
大きな鳴き声は
5km先まで響く。

リスザルの仲間は**5種**いる。

テングザルは
水しぶきを
上げるのが好きで、
15mの
高さから
水に飛び込むことも
ある。

テングザルの鼻は
メスを引きつける
ために使われ、
長さ**17.5cm**
になることもある。

コロブスモンキーは
8~15頭の群れで暮らし、
アフリカの15カ国以上に広く分布している。

Monkeys
サル類

サルと類人猿は混同されがちだが、区別する方法はいくつかある。一般にサルは類人猿よりも小さい。類人猿には尾がないが、ほとんどのサルは尾をもつ。新世界ザルは中央アメリカと南アメリカに生息し、旧世界ザルはアフリカとアジアを故郷とする。

平均で、体重**119g**で体長**13.6cm**のピグミーマーモセットは**世界最小のサル**である。

カットバラングールは世界で**もっとも希少なサル**だ。ベトナムに生息するのは**70匹**以下かもしれない。

米国のフォートローダーデール・ハリウッド国際空港近郊に約**36匹**の**ミドリザル**の群れが生息する。**1948年に動物園から逃げ出したサルたちの子孫**である。

クモザルの体長は最大で**66cm**だが、**堂々とした尾**は**102cm**に達することもある。

マンドリルのオスは**サルの仲間では最大**だ。**平均**体重は**25kg**だが、**54kg**に達する個体もいる。

脅威を感じると、**マンドリルのオス**は口を開け、**長さ6.5cm**の鋭い**歯**をむき出す。

サキは**わずか1日**で最大**50種類**の果実を食べることがある。

果実を食べる
夜行性の
オオコウモリは
コウモリの
最大種で、
体長は**45cm**
にもなる。

夕方になると、
米国の**カールズバッド**
キャヴァンズから
5,000匹以上の
コウモリが食べもの
を探しに飛び立つ。

メキシコオヒキ
コウモリは
メキシコから
テキサスまで
最大**1,600km**
を移動する。

マダラコウモリ
は**体の大きさの割に**
最大の耳介をもつ。
7.7cmの
体に対して、耳は
5cmの
長さがある。

アフリカミツバ
カグラコウモリは
212キロヘルツの
高周波音を**とらえられる。**
人間は**28キロヘルツ**の
高さまでしか
聞き取れない。

オオコウモリは
翼を広げた長さが
コウモリで最大の
1.8m、
成人の背丈ほどもある。

コウモリのエコロケーション（反響定位）は
実に鋭敏だ。暗闇でも**20m**先を飛ぶ
小さなハエを**検知できる**コウモリもいる。

コウモリ1匹で**一晩に数百匹の力**を食べる。

Bats

コウモリ

コウモリは哺乳類で唯一飛ぶことができる。コウモリの翼は前肢の指と胴体の間の飛膜でできている。多くは夜行性で、食べものを見つけるためにエコロケーションを使い、自分の発した高周波音の反響を聴いて暗闇を飛びまわり、昆虫などの位置を突きとめる。

チスイコウモリは血液を餌とし、1回の食事で20gの血を舌でなめ取る。

アカコウモリのメスは力持ちだ。**幼い子どもを3匹も抱えて**飛べる。

最小のコウモリである、タイに生息する**キティブタバナコウモリ**の体長はわずか**4cm**だ。

コウモリの仲間は**1,400種以上**にのぼり、**哺乳類の**約**20%**を占める。

もっとも希少なコウモリである**セーシェルサシオコウモリ**は、森林伐採のため、推定生息数は**50~100匹**だ。

最速の飛翔哺乳類、メキシコオヒキコウモリの飛翔速度は**秒速44.5m**に達することもある。

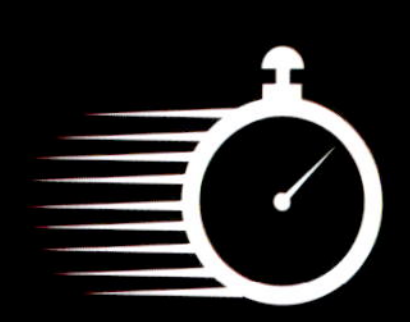

Foxes, coyotes, jackals, and wolves

キツネ、コヨーテ、ジャッカル、オオカミ

リカオンは一度の出産で最大**19匹**、**通常は7~10匹**の子を産む。

オオカミ、キツネ、コヨーテ、ジャッカルはすべて、野生のイヌ科動物で、イエイヌも同じ科に属す。彼らは卓越した体力と聴覚と嗅覚をもっており、動物を追跡し、互いの臭跡を認識するのに利用している。オオカミとリカオンは群れで暮らして狩りをする。

オオカミの遠吠えは16km離れていても聞こえる。

オオカミとイヌはどちらも**歯の数は42本、人間よりも10本多い。**

ホッキョクギツネは気温が**－70℃**に下がることもある**北極圏**に生息する。

一定以上の気温になると、**体温を下げる**ため、**フェネック**は**1分間で690回のあえぎ呼吸をする**ことがある。

イヌ科で**最大の シンリンオオカミ**は、大きい個体だと、体長**1.6m**、体重**80kg**にもなる。

北・中央アメリカに分布する**コヨーテは時速65km**で疾走する。

シンリンオオカミは最大で**36頭**からなる大きな**群れ**で暮らす。

シンリンオオカミは**2,000km²**もの広さの区域に生息する。

リカオンはイヌ科で唯一、前肢に**指**が**4本**しかない。**他のイヌ科動物はすべて5本ある**。

ドールは南アジアと東南アジアに生息する**野生のイヌ**で、**2.1m**の高さに**跳び上がる**ことができる。

フェネックの耳は、体の大きさに比べ肉食獣で**最大**の**15cm**の長さで、体高の半分近くもある。

フェネックは野生のイヌ科動物で**最小**だ。北アフリカの砂漠に生息するこの動物の体長は**40cm**、柴犬と同じくらいだ。

キツネの**最大種**はアフリカ北部、ユーラシア、北アメリカに広く分布する**アカギツネ**である。最大で体長**90cm**に成長する。

2009年に無線機で１匹の**ホッキョクギツネ**の行動が**追跡**された。**163日間**でカナダの北極地方を**4,599km**以上移動していた。

ホッキョクグマの
メスが子どものために
出す**乳**は、**脂肪分が**
48.4%で、クリー
ムのように濃厚だ。

パンダは**18kgのタケを食べる**のに**1日16時間も費やす。**

ジャイアント
パンダは
きわめて小さな
体で生まれる。
誕生時の**体重は**
100gほど、
母親の体重の
約**0.1%**だ。

ハイイログマ（グリズリー）
から走って逃げるのは不可能だ。
なにしろ**時速48km**で走れる——
短い距離ならウマよりも速い！

Brave bears

クマ

クマは、毛皮で覆われた大型の哺乳類で、引っ込むことのない長いかぎ爪を備える。多くは単独で暮らし、冬ごもりをする前の秋に腹いっぱい食べる。ホッキョクグマは肉食だが、他のクマはほとんどが雑食性で、魚類、昆虫、植物の根や新芽、果物、木の実など、なんでも食べる。

ホッキョクグマは**世界最大の陸生肉食獣**だ。オスの成獣は体長**2.6m**、体重**600kg**にもなる。

マレーグマの舌は**25cm**に伸びる。それを使って巣の中にいるシロアリやミツバチを食べる。

ホッキョクグマの**最長遊泳記録**は**687km**で、**232時間**かかった。

冬眠の間、クマの体温は通常の**31~37℃**より**5℃**も**下がる**ことがある。

史上もっとも長く生きたクマは、ギリシアの保護区で**50歳**まで生きた**ユーラシアヒグマ**だ。

ハイイログマの**かぎ爪**は長さが**10cm**もあり、**人間の手の指よりも長い**。

最小のクマは東南アジアに生息する**マレーグマ**である。体長は最大で**1.5m**、体重は**65kg**、ホッキョクグマの**9分の1**の軽さだ。

冬眠の前、**ヒグマ**は1日に**40kg**の餌を**食べる**ことがある。**クォーターパウンダー**を**360個**食べるようなものだ。

ホッキョクグマにはすぐれた嗅覚があり、**9km**離れた場所にいる**アザラシのにおいをかぎつけられる。**

ホッキョクグマは、**毛皮**と厚さが**10cm**にもなる脂肪の断熱層で北極地方での生活を生き抜く。

クマは一般に尾が短いが、南アジアに生息する**ナマケグマ**は尾が**18cm**に伸びる。

Seals and walruses

アザラシとセイウチ

アザラシとセイウチは、アシカやオットセイとともに鰭脚類（ひれ脚類）と呼ばれるグループに属し、ひれのような脚をもつ海生哺乳類だ。泳ぎは巧みだが、常に水中にいるわけではなく、陸地や氷の上でも過ごす。

キタゾウアザラシは海中**1,500m**の深さにまで**潜水**することができる。

最重量のひれ脚類は**ミナミゾウアザラシ**のオスで、体重は最大で**4,000kg**にもなる。

カリフォルニアアシカのオスは、繁殖期に**なわばりを守る**とき、**何も食べずに** **27日間** 過ごすこともある。

セイウチは一度に**貝を** **6,000個**も**食べる**ことがある。

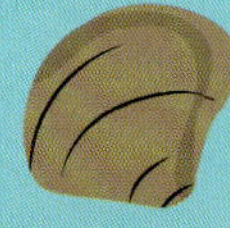

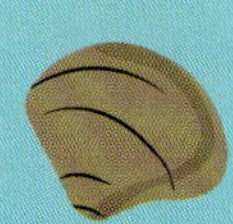

オットセイの**メスの体重**はオスの**3分の1**だ。

チチュウカイモンクアザラシは
もっとも希少なアザラシの種だ。
約**600~700頭が野生で**生息する。

セイウチは
ひれ脚類の動物で
もっともひげが多い
——1頭あたり
400~
700本の
ひげが生えている。

長さ**48cm**
にもなる、
哺乳類最長のひげを
ナンキョク
オットセイはもつ。

最小のひれ脚類は
体長**1.2m**の
ガラパゴス
オットセイ
である。

陸上で、**セイウチ**は
19時間眠ることもある。

水中で、**セイウチ**は最大**5分間居眠り**をする。

ウェッデル
アザラシは
水中に**73分間**
潜っていられる。

カリフォルニア
アシカは
時速40.2kmで
泳ぐことができ、
アシカやアザラシの
仲間で**最速**だ。

セイウチの
牙は長さ
1m、
重さ**5.4kg**
にまで成長する。

1910年、
ゾウアザラシの
数は**100頭**
以下だった。
今日ではおよそ
15万頭が生息する。

人間を除くと、
セイウチを捕食する
動物は**シャチ**と
ホッキョクグマの
2種だけだ。

Classy cats

ネコ科

約40種いるネコ科の動物はすべて肉食性のハンターで、獲物に忍び寄り、収納可能な鋭いかぎ爪とよく発達した犬歯（牙）で攻撃する。ライオンやトラなどの大型ネコは吠え、小型のネコは喉をゴロゴロ鳴らす。縞模様や斑点など、毛皮の模様は多くの種類がある。

ヒョウはしばしば**獲物を木の上に引っ張り上げる**——小さなレイヨウを**15m**の**高さ**の枝まで運んだこともある。

最小の野生のネコはインドとスリランカに生息する**サビイロネコ**である。尾を除いた体長は**48cm**、体重は平均**1.6kg**。

アンデスネコは南アメリカのアンデス山脈に生息する。獲物のおよそ**50%**は地元のげっ歯類、**ビスカーチャ**である。

ユキヒョウは**11.7m**もの距離を跳べる。

ユキヒョウは中央アジアと南アジアの**標高5,800m**もの険しい山岳地帯で**目撃**されている。

アムールトラはネコ科**最長**の**犬歯**をもつ。1本の長さは**10cm**にもなる。

ライオンの咆哮（ほうこう）は8km離れていても聞こえる。

チーターは3秒で
時速64kmに達し、
一気に時速114kmに加速する。

トラは1回の食事で
36kg以上の
肉を食べることがある。
これはクォーターパウンダー
320個分に
相当する量だ。

トラのオスは
一般にメスより
1.7倍重い。

ライオンは
15頭ほどの群れで
暮らすが、
30頭もの群れを
なすこともある。

アムールヒョウはもっと
も希少な大型のネコ科動物だ。
中国とロシアの国境付近の
森林にわずか65~69頭
が生息すると考えられている。

ユキヒョウは体重が
自分の3倍もある
獲物を倒すことがある。

ピューマはもっとも多くの
名をもつ動物だ。
クーガー、アメリカライオン、
パンサーなど、
40以上の名前で呼ばれている。

アムールトラは
ネコ科動物で最大だ。
オスは鼻から尾の先までの
長さが3.3mで
体重は306kgにもなる。

最速の陸生哺乳類

1

チーター・*Acinonyx jubatus*
時速114㎞・アフリカ、イラン中央部
陸上で最速のこの動物は長く柔軟な背骨のおかげで歩幅が非常に大きい。ただし、この速度を出せるのは短距離だけである。

2

コウジョウセンガゼル・*Gazella subgutturosa*
時速97㎞・アジア
アジアの砂漠や丘陵地帯に生息するこのレイヨウ（アンテロープ）は世界最速の本物のレイヨウだ。

3

プロングホーン・*Antilocapra Americana*
時速88.5㎞・北アメリカ
長距離で最速の陸上動物である。6.6kmの距離を時速56kmで走った例が記録されている。

4

スプリングボック・*Antidorcas marsupialis*
時速88㎞・アフリカ南部
スプリングボックの名は１ｍ以上の高さに何度も跳びはねる習性からきている。この行動はプロンキングと呼ばれる。

4

ウマ・*Equus caballus*
時速88㎞・世界全域
競馬は何千年も昔からおこなわれている。古代のギリシア、ローマ、バビロニア、シリア、エジプトでは一般的だった。

6

トムソンガゼル・*Eudorcas thomsonii*
時速81㎞・ケニア、タンザニア
東アフリカでもっともありふれた動物であるトムソンガゼルは、信じられないスピードを出して、捕食者を巧みにかわす。

7

ヌー・*Connochaetes*
時速80.5㎞・アフリカ東部と南部
ヌーは大型のレイヨウで、アフリカの東部と南部一帯をシマウマとスイギュウの群れとともに移動する。

8

ブラックバック・*Antilope cervicapra*
時速80㎞・インド、ネパール
１匹が危険を感知すると、高く跳びはねて走り出す。すぐさま群れの残りの個体もその後に続く。

8

ライオン・*Panthera leo*
時速80㎞・アフリカ、インド
メスライオンは短時間しか最高速度を維持できないため、攻撃にかかる前に、獲物のそばまでそっと忍び寄る必要がある。

10

ヤブノウサギ・*Lepus europaeus*
時速70㎞・ヨーロッパ、北アジア
アナウサギと違い、ノウサギは穴の中に暮らしたり隠れたりはしないため、キツネなどの捕食者より速く走る必要がある。とはいえ、最高速度は20ｍほどしかもたない。

Beavers and otters

ビーバーとカワウソ

カワウソとビーバーはどちらも陸上と水中で暮らす哺乳類である。カワウソはイタチ科に属し、川や海で獲物を狩るのに理想的な、長い柔軟な体をもつ。ビーバーは大型のげっ歯類で、船をこぐ櫂のような形をした平たい尾をもつ。ビーバーの大きな前歯がオレンジ色なのは、鉄分が多く含まれたエナメル質で覆われているからだ。

カワウソの中には**息を4分間とめていられる**種もいる。

現存するカワウソの仲間で**最大種**の南アメリカ産の**オオカワウソ**は、大きいもので全長**2.4m**にもなる。

オオカワウソは**毎日魚**を**3kg**食べる。

ビーバーはふつう、大きい個体でも体重はせいぜい**29.5kg**だが、**ある個体は50kg**もあった。

ミナミウミカワウソは**海に生息する哺乳類で一番小さい。**尾を含めた全長は最大で**1.15m**である。

オオカワウソは**22種類の音**を使って仲間とコミュニケーションを取る。

ビーバーは
尾の近くにある
2つの臭腺から
バニラのような
香りのカストリウム
を分泌する。

ラッコは動物の中で
もっとも密な体毛をもち、
1㎠あたり最大
40万本の
毛が生えている。

500万年以上前に
エチオピアに生息していた
巨大なカワウソ、
エンヒドリオドン・ディキケは
体重が約**200kg**あったとされる。

ラッコは
腕をつないで
ラフト（いかだ）**と**
呼ばれる群れを作る。
1つの群れに
2,000匹いる。

ビーバーには
透明なうちまぶた
があり、水中に
最長**15分間**
潜っていられる。

ビーバーが
ダムを作るのは
身を守るためだ。
ダムは高さ
3m、
幅**500m**に
達することもある。

世界最大の
ビーバー・ダムが
カナダの
アルバータ州にある。
長さ**850m**で、
数十年にわたり
何世代かのビーバーに
よって**作られた**ものだ。

ビーバーの
上前歯は長さが
25mmにもなり、
木をかじって
倒すのに使われる。

ラッコは**1日の半分**を
餌を取ったり食べたり
して過ごす。

カワウソの仲間は
スマトラカワウソや
コンゴツメナシカワウソなど
13種いる。

Robust rhinos

サイ

サイは体が大きな動物だが、驚くほど臆病だ。とはいえ、脅威を感じれば攻撃をする。すぐれた聴力をもつが、視力はあまりよくない。だから岩や木に突撃してしまうこともある。サイの分厚い皮膚は敏感でもあるため、泥の中で転げまわって全身に泥を塗り、日焼けと虫刺されを防ぐ。

サイの仲間は**5種**いる。いずれの種も**絶滅が危ぶまれている。**

サイは**子ども**を**1頭**だけ産む。

サイの皮膚は**2cm**の厚さがある。

体重が**3.6トン**、体長が**4.2m**の**シロサイ**は サイの仲間で**1番大きい。**

サイの頭に**1本または2本**生えている**角**は、人間の体毛や爪と同じ**ケラチンでできている。**

サイは**時速45km**のスピードで**走る**こともある。

シロサイは標準的な**スマトラサイ**の**4倍**近く重い。

サイの角は**1.5m**の長さに伸びることもある。

ジャワサイは世界で**もっとも希少な大型哺乳類**だ。インドネシアの**自然保護区**にわずか**76頭**ほどが**生息する。**

シロサイには**角**が**2本**ある。通常は前の角が**長く**、**水と植物を探して地面を掘る**ために使われる。

パラケラテリウム・リンシャエンセと名づけられた、**絶滅したサイ**は巨大だった——体重は最大で**21.7トン**、**現在のサイ10頭分よりも重かった。**

20世紀以降、
野生のサイの生息数は
50万頭から
2万7,000頭
まで減った。
メスのサイは
子どもの面倒を最長で
4年間
みることもある。
サイの妊娠期間は
およそ450日間。
哺乳類の中では
ゾウに次いで長い。
シロサイの頭は大きいもので重さが450kgある。
サイは足に
3本のひづめ
がある。

Hooray for hippos

カバ

カバの仲間はふつうのカバとコビトカバの２種だけである。巨体と大きな口をもつこの哺乳類は、体型が似ているブタよりもクジラの仲間と近縁である。カバは汗をかけないため、生活の大部分を水中で過ごして体をひやすが、夜間は草を食べるために陸へ上がる。

カバは**哺乳類の中でもっとも噛む力が強く、ライオンの1,770ニュートン(N)**に対し、カバは**8,000N**もの力で噛む。

オスのカバはあごを最大**1.2m開く**ことができる。

動きは遅く見えるかもしれないが、**カバ**は最高時速**50km**で走ることができる。

カバは大きな個体だと重さが**3.6トン**にもなる。これよりも重い陸上動物はゾウとサイだけだ。

草食であるにもかかわらず、**カバ**は長さ**71cm**になることもある**犬歯**をもつ。牙と呼ばれ、闘争で使われる。

世界**最小**のカバは西アフリカに生息する**コビトカバ**である。体長は約170cmで体重は**160~275kg**ある。

飼育下で**60年以上**生きたカバもいる。

ザンビアはアフリカ最大のカバの生息地で、推定4万頭が生息する。

カバは3週間食べなくても耐えられる。

カバはいつも夜に草を40kg食べる。

カバは5分以上水中に潜っていられる。

240日間の妊娠を経てカバの子は水中で生まれる。

カバはアフリカでもっとも危険な動物のひとつで、毎年推定500人が殺害されている。

カバの赤ちゃんは体重が25~50kgある。

カバの皮膚は背中からお尻にかけて4cmの厚さがある。
カバは100頭以上で群れることもある。

Horses and zebras

ウマとシマウマ

ウマとその近縁種は四肢の指の数が１本で、指先はひづめという固い爪で覆われている。首と脚が長く、長距離を高速で駆けることができる。野生下では群れで暮らし、草を食べて生きている。

ウマはおよそ**6,000年前**に中央アジアの狩猟民族により初めて**家畜化**された。もともとは肉と乳が目的で捕獲された。

家畜ウマで**もっとも長生き**したのは**オールドビリー**という名の雑種のウマで、**1760年**から**1822年まで62年**生きた。

ウマとポニーの体高はハンドという単位で計量される。1ハンドは**10cm**に相当する。

唯一残る**野生のウマ**、**モウコノウマ**は一度絶滅しかけたが、飼育下で残っていたわずか**13頭**の子孫を繁殖し、**再び野生に戻した。**

サバンナシマウマはアフリカ東部を時計まわりに**480km**ほど**移動する。**

サバンナシマウマはシマウマの中で**もっともありふれた**種で、アフリカの東部から南部にかけて推定**50万頭**が分布する。

アフリカノロバは気温**49℃**を超えるエチオピアのダナキル砂漠で**生き抜く。**

家畜化されたウマの品種は**400**以上にのぼる。

野生のウマで**最大**の、
アフリカに生息する
グレビーシマウマは、
もっとも絶滅の危機に
瀕した種で**野生**の生息数は
2,680頭
ほどだ。
ウマは平均10〜30年生きる。
ウマの**最小**品種はアルゼンチンで
品種改良された**ファラベラ**で、
平均体高はわずか**81cm**だ。
純血種のウマはもっとも高価な動物だ。
競走馬**フサイチペガサス**は
7,000万ドルの価格がついた。
ウマは**耳**に**10種類の**
筋肉があるおかげで
左右の耳を別個に
回転させることが
できる。
競走馬の**最高速度**は
2008年のレースで
ウィニングブリューが出した、
2ハロンを**時速70.8km**で
駆け抜けたのが最速記録とされる。

Remarkable ruminants

反芻動物

ウシ、レイヨウ、ヒツジは複数の胃をもつ反芻動物で、消化しにくい食べものを一度呑み込んだ後で口に吐き戻し、さらに嚙み直して再び呑み込む（反芻する）ことで消化しやすくしている。ウシとヒツジは肉と乳、羊毛を利用するために飼育されており、地球上でもっとも数の多い哺乳類だ。

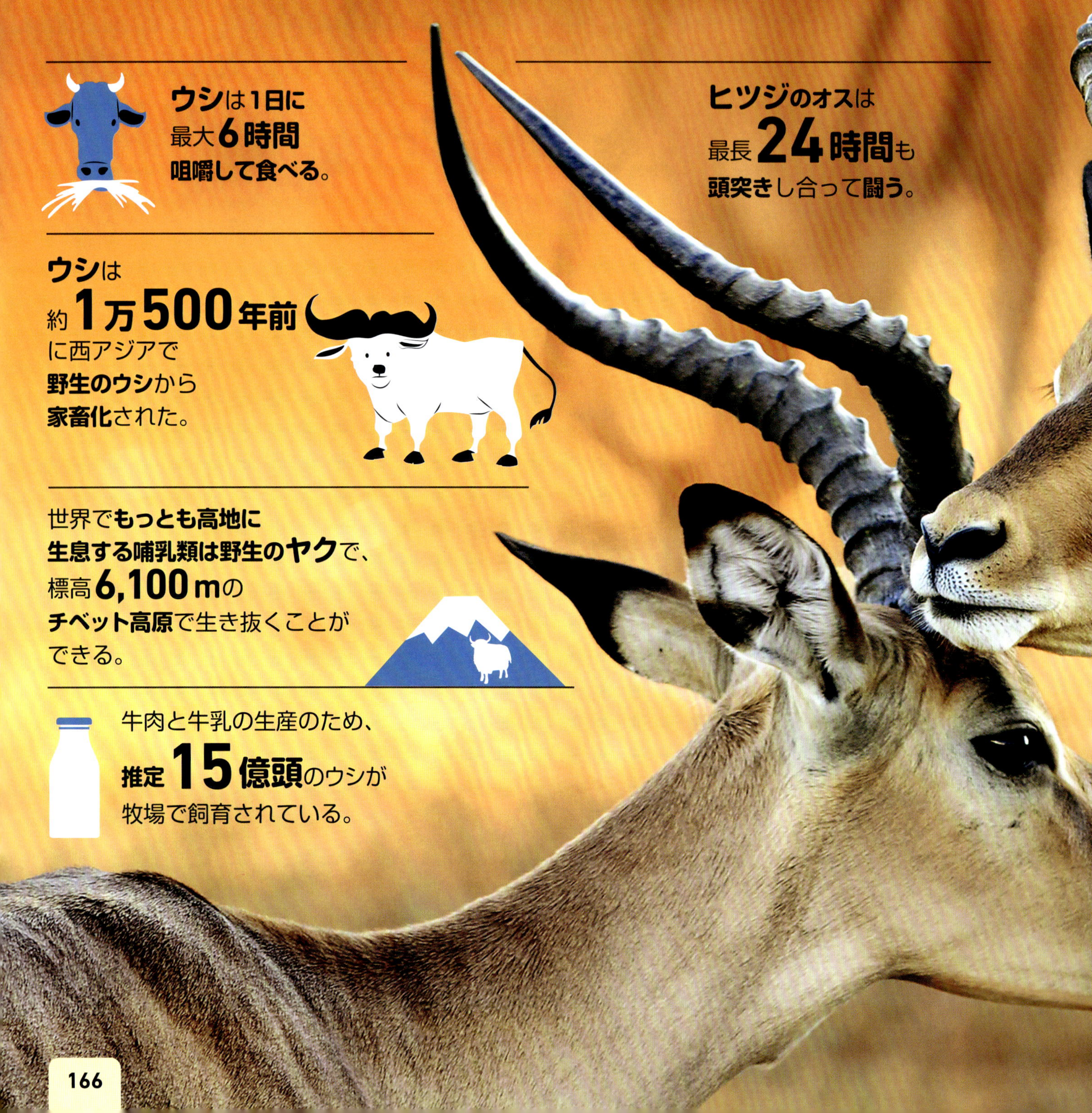

ウシは1日に最大**6時間**
咀嚼して食べる。

ヒツジのオスは
最長**24時間**も
頭突きし合って**闘う。**

ウシは
約**1万500年前**
に西アジアで
野生のウシから
家畜化された。

世界で**もっとも高地に**
生息する哺乳類は野生のヤクで、
標高**6,100 m**の
チベット高原で生き抜くことが
できる。

牛肉と牛乳の生産のため、
推定15億頭のウシが
牧場で飼育されている。

ヨツヅノレイヨウは
角を**4本**
生やす
唯一の哺乳類だ。

レイヨウの仲間で**最小のローヤルアンテロープ**の体高はわずか**30cm**だ。

アジアスイギュウは
体重が
1,200kgに
なることもある。

アジアスイギュウの
角は**4.24m**に
伸びることもある
――現生動物で
最長だ。

オーストラリアで数年間
荒野をさまよっていた**ヒツジ**が
保護され、**毛**を刈り取られた。
毛の重さは一般的なヒツジの
8倍、41kg
に達した。

ヌーは**シマウマ**や
スイギュウとともに
円を描くように
アフリカ各地をめぐり、
およそ**1,450km**にわたって
移動する。

インパラのオスの角は長さ**91.4cm**に達することもある。

ヌーは、**ケニア**と
タンザニアを通り抜ける
毎年の大移動で、
最大**130万頭**もの
群れをなすことがある。

ウシ科で**最大**の**ガウル**は
ひづめから肩の
最上部までの高さが
最大で**2.2m**
にもなる。

1800年代初めには
北アメリカに**6,000万頭**もの
バイソンが生息していたと
考えられている。

中国は**ヒツジの数**が
世界でもっとも多く、
1億3,600万匹以上の
ヒツジが生息する。

Boars, hogs, and pigs

イノシシとブタ

イノシシ科にはイノシシとバビルサの他、家畜のブタと野生化したブタ（野生に生息するかつての家畜ブタ）も含まれる。ほとんどががっしりとした樽型の体と大きな頭、短く細い脚、非常に敏感な鼻をもつ。

イノシシ科の9種は**3つの大陸**——ヨーロッパ、アフリカ、アジア——が原産地である。

イノシシの仲間は足に**4本の指**があるが、**真ん中の2本**だけで歩く。

史上**最長寿の飼いブタ**、**ベイビー・ジェイン**は米国のイリノイ州で**23歳と221日**生きた。

ヴィサヤンヒゲイノシシはこれまでに**自然生息地**の**95%**以上を失い、現在**絶滅の危機に瀕している。**

現在、世界には**家畜のブタ**が約**10億頭**いる。

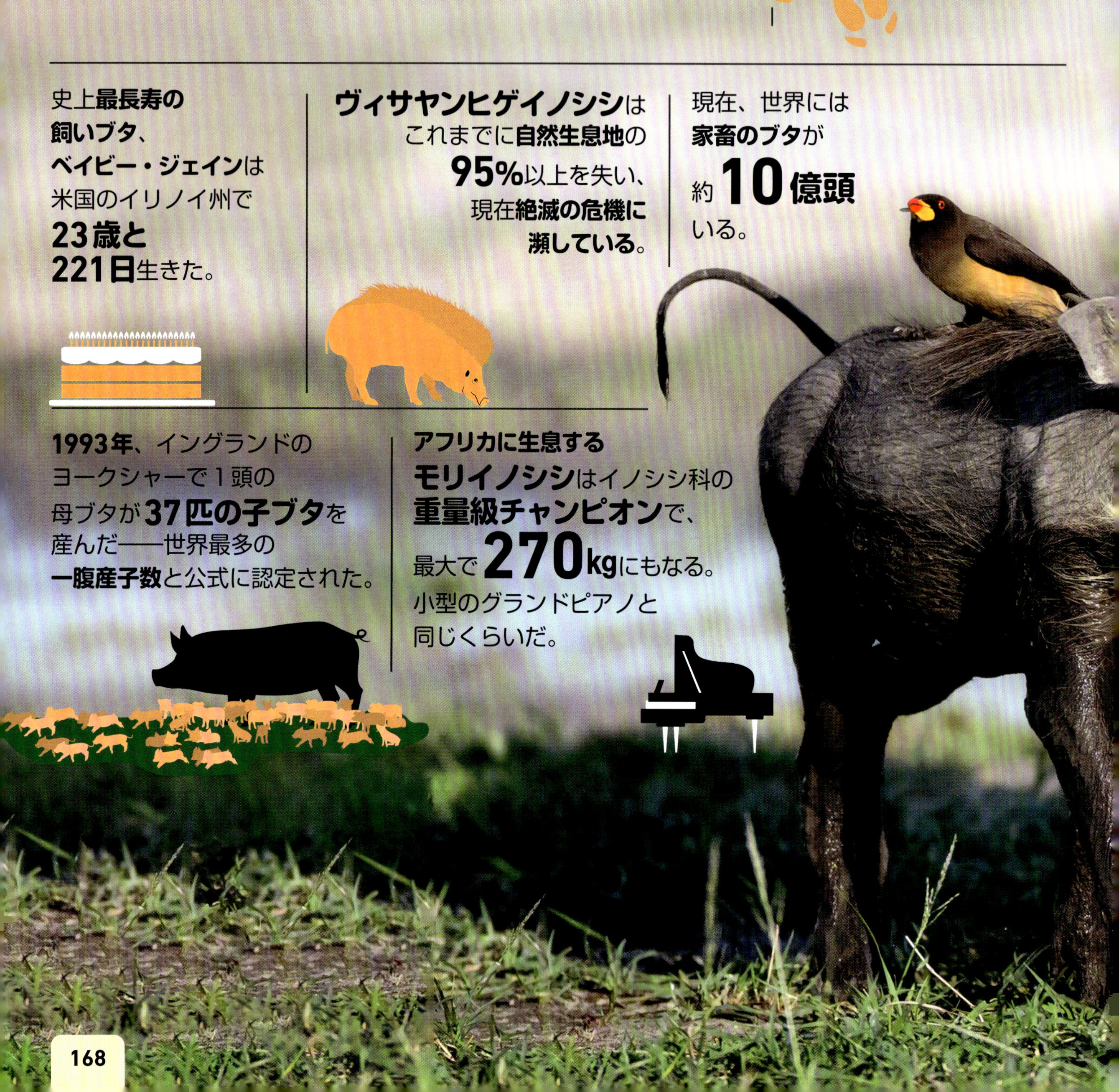

1993年、イングランドのヨークシャーで1頭の母ブタが**37匹の子ブタ**を産んだ——世界最多の**一腹産子数**と公式に認定された。

アフリカに生息するモリイノシシはイノシシ科の**重量級チャンピオン**で、最大で**270kg**にもなる。小型のグランドピアノと同じくらいだ。

イノシシは嗅覚受容体の数がイヌより**30%**多いため、地下**7.5m**のにおいも検知できる。

コビトイノシシは成長しても体高はわずか**25cm**ほどで、**イエネコと同じくらいだ。**

インドネシアに生息する**セレベスヒゲイノシシ**は海抜**2,500m**の**過酷な環境でも生きていける。**

オーストラリアには**野生化したブタが2,400万頭**以上いる——人間の数と同じくらいだ。

敏捷（びんしょう）**で凶暴なイボイノシシは時速48km**のスピードで駆けることができる。

ボルネオヒゲイノシシは孤独を嫌い、最大**200頭**の家族単位の群れで暮らす。

バビルサの上あごの2本の牙は実際には**歯**だ。**巻いた犬歯**が皮膚を突き破り、**30cm**に伸びることもある。

Llamas, giraffes, and camels

ラマ、キリン、ラクダ

これら3種類の動物はすべて偶蹄目(ぐうていもく)に属し、各足に2本ある指の先端は固いひづめになっている。ラクダとラマの足は幅が広く、丈夫で分厚い肉球がついているおかげで、砂地や岩場でも重い荷物を運ぶことができる。大きくて重いひづめをもつキリンのキックは非常に強力で、攻撃をしかけてきたライオンを蹴り殺すこともあるほどだ。

ラクダは**体重の4分の1の**量の水を**一度に飲む**ことができる。

野生で生息するラクダは**1種類**のみ――**フタコブラクダ**の**野生種**だけである。

フタコブラクダは**40℃**以上から**−29℃**までの気温の中で生き抜くことができる。

ラクダの最大種は**ヒトコブラクダ**で、大きいもので体長は**3.5m**、体重は**690kg**にもなる。

キリンほど
長い**首**をもつ
動物はいない。
首が**身長**の
3分の1を
占める。

ヒトコブラクダは
1日に最長**40km**も
重い荷物を
運ぶことができる。

ラマの**上あごには**
前歯が1本もない。
そのかわりに
強靭な歯茎があり、
植物を咀嚼できる。

ラマは**3つの胃**の
おかげで
固い食べものを
消化できる。

ヒトコブラクダは
コブに脂肪を**36kg**
たくわえておくことができる。
それを必要なときに
水とエネルギーに
分解する。

2列に生えている長いまつ毛がラクダの眼を砂から守っている。

キリンは
世界でもっとも
背丈の高い動物だ。
大人3人の
身長を
合わせても
まだ足りない。

キリンの赤ちゃんは
生まれた時点で
背丈が**1.8m**ほどあり、
生後30分ほどで歩くことができる。

キリンの首の**骨**の**数**は
7個だけだ。
ネズミも同じ数だし、
人間もそうだ。

マサイキリンは
世界最大のキリンで、
オスは身長が**6m**に
達することもある。

キリンは
45cmに伸びる
黒い舌で葉を巻き取って
集める。

背が高い**キリン**だが、
敏捷(びんしょう)でもある。
短距離なら
時速**59.5km**で
走ることもある。

Toothed whales

ハクジラ

マイルカやネズミイルカなどのイルカの仲間は、マッコウクジラやイッカク、「殺し屋クジラ」とも呼ばれるシャチと同じハクジラに分類される。イルカは賢くて遊び好きな哺乳類で、流線形の体と大きな尾びれを使って力強く泳ぐ。マイルカ科にはくちばしをもつイルカやシャチなど多様な種が含まれる。ネズミイルカ科は一般に体が小さい。

ハセイルカは最大で**240本の歯**をもつ――他のどのイルカよりも多い。

体長**2.6m**の**アマゾンカワイルカ**は**世界最大のカワイルカ**で、珍しいことに体の色はピンクだ。

ネズミイルカの種で最大の**イシイルカ**は体長**2.2m**、体重**200kg**に達する。

イルカは音波の反射で**獲物の可能性のある物体**の位置を特定する**エコロケーション**を使って獲物を追跡する。**1秒あたり1,000回クリック音**を鳴らすイルカもいる。

イッカクのオスはクジラの仲間で**最長の歯**をもつ。**3m**以上に伸びることもあり、**角のように見える**。

イッカクは**深海まで潜る**ことができる。多いときは**1日に15回**も水深**1,500m**で狩りをする。

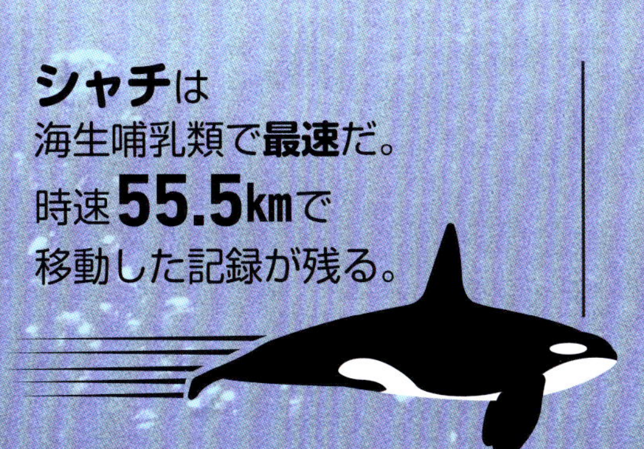

シャチは
海生哺乳類で**最速**だ。
時速**55.5km**で
移動した記録が残る。

シャチは**採餌場**の間を
回遊するため、
1万1,000km以上の
距離を移動する
こともある。

マッコウクジラの**脳**は
動物界最大で、
重さはおよそ**9kg**ある。
人間の脳の重さは
1.4kgに
すぎない。

イルカは1個の眼を開けたまま眠ることで、いつ呼吸すべきか判断できる。

眠っているときも、
イルカの脳の
半分は**活動した**ま
まで、捕食者など
の危険に
反応する。

イルカの群れは**ポッド**と
呼ばれる。**1つのポッド**で
1,000頭を超えるイルカが
一緒に暮らすこともある。

シャチは
最長**80年**
生きる。

ハクジラの
仲間は
約**70種**
いる。

ニュージーランドの
海域に生息する
セッパリイルカは
体長**1.6m**以下で
世界**最小**のイルカだ。

残りわずか
10頭ほどが米国の
カリフォルニア湾に
生息する**コガシラ**
ネズミイルカは**世界で**
もっとも希少な海生哺乳類だ。

もっとも心臓の拍動が
遅い哺乳類は
シロナガスクジラで、
心拍数は
1分間に
4~8回だ。

かつては何十万頭もいた
シロナガスクジラだが、
今では
3,000頭
以下だ。

セミクジラは
最大で
全長の**3分の1**を
占める**巨大な頭**
をもつ。

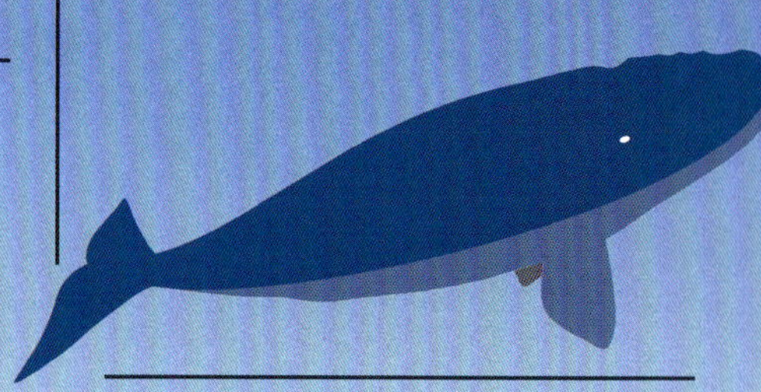

史上最重量の動物は
1947年に計測された
シロナガスクジラのメスで、
重さは**190**トンもあった
——**アフリカゾウ32頭分**だ。

ほとんどのクジラは
20~100年間生きるが、
ホッキョククジラは
200年以上
生きることがある。

ホッキョククジラの
ひげは長さが
5.2mある。

ザトウクジラは毎年最長で**7.5ヵ月間餌を食べずに**過ごすことがある。

クジラの種の多くは数頭から
1,000頭以上の
群れで移動する。

ナガスクジラは
最大で**26m**に
成長し、
ふつうのプールでは
入らない。

ナガスクジラは
大型のクジラの中で**最速**で、
時速37kmの
スピードを維持できる。

誕生時で**シロナガスクジラの子ども**は体長が**8 m**ある。中型バスの全長くらいだ。

Baleen whales

ヒゲクジラ

クジラは地球上のすべての海に生息しており、地球上にこれまで存在した動物の中でもっとも大きい。歯をもつクジラもいるが、ヒゲクジラ類には歯がない。上あごから左右1列ずつ生えている、ひげのような角質の板（ひげ板）でプランクトンなどの小さな生物を大量に濾過して食べる。

シロナガスクジラは毎日およそ**3,500kg**の**オキアミを食べる。**

ホッキョククジラの脂肪層は動物の中でもっとも厚く、約**40cm**もある。

ヒゲクジラ類で**最小**の**コセミクジラ**は、最大で体長**6.5m**、体重は**3,500kg**にもなる。

ヒゲクジラ類は**14種**いる。

長寿の哺乳類

1

ホッキョククジラ・*Balaena mysticetus*・北極海域
一般的な寿命：**200年**
シロナガスクジラやナガスクジラなど、多くのヒゲクジラは100年以上生きるが、長寿の世界記録をもつのはホッキョククジラである。捕食者がほとんどいないため、200年ほど生きられる。

2

ヒト・*Homo sapiens*・世界中
一般的な寿命：**71.3年**
これまででもっとも長生きした人間は、122年と164日生きたフランスのジャンヌ・ルイーズ・カルマンさんである。

3

サバンナゾウ・*Loxodonta africana*・アフリカ
一般的な寿命：**70年**
サバンナゾウはゾウの仲間で最大の種で、現生する陸生哺乳類で世界最大だが、密猟のため絶滅の危機にさらされている。

3

ジュゴン・*Dugong dugon*・アジアとオーストラリアの海域
一般的な寿命：**70年**
外見はまったく異なるが、ジュゴンはゾウに近い種で、5,000万年前に祖先が分かれた。

5

スジイルカ・*Stenella coeruleoalba*・熱帯と温帯の海域
一般的な寿命：**58年**
イルカの仲間は40種ほどいる。スジイルカは50年以上生きられる。

6

マナティ・*Trichechus*・アフリカ、中央アメリカと南アメリカの海域
一般的な寿命：**55年**
マナティは生涯を水中で過ごすが、3、4分おきに水面に浮上して呼吸しなければならない。

7

バイカルアザラシ・*Pusa sibirica*・ロシアのバイカル湖
一般的な寿命：**52年**
ほとんどのアシカとアザラシは最長で35年ほど生きるが、ロシアのバイカルアザラシは数十年長く生きることが知られている。

8

フタコブラクダ・*Camelus bactrianus*・中央アジア
一般的な寿命：**50年**
２つのコブと、重い荷物を運ぶのに理想的な力強い筋肉をもつ――しかも泳ぎの名手でもある。

9

チンパンジー・*Pan troglodytes*・中央と西アフリカ
一般的な寿命：**45年**
チンパンジーは、木の実の殻を石で割り、葉のスポンジを使って水を吸うなど、道具を使う動物だ。

9

ハリモグラ・*Tachyglossus aculeatus*・オーストラリアとニューギニア
一般的な寿命：**45年**
ハリモグラは地球にもっとも古くから存在する哺乳類の種のひとつで、哺乳類の中でもっとも体温が低い。

Skunks, weasels, and racoons

スカンク、イタチ、アライグマ

これらの肉食獣はすべて同じ肉食目イタチ上科に属す。3種とも毛皮に覆われ、森林地帯に生息する。イタチはハツカネズミやハタネズミ、スカンクはウサギやげっ歯動物を好んで食べる。アライグマは種子や果実を好むが、魚、昆虫、鳥も食べる。

0.1%の
人は幸運にも
スカンクの**分泌液の**
においを感じない。

人間は、哺乳類の中で
もっとも強烈な悪臭を放つ、
シマスカンクのにおいを
1km先からでも
かぎつける。

アライグマの種で**もっとも**
希少な**コスメル**
アライグマは
メキシコのコスメル島に
約**190匹の成獣**が生息する。

コスメルアライグマは
最小のアライグマで、
尾を含め
全長**58cm**
しかない個体もいる。

スカンクの**赤ちゃんは**
生後3週間は
眼が見えず、
耳も聞こえない。

寒い冬の間、
スカンクは体重が
2分の1に
減ることもある。

アライグマの**尾**には
5〜10本の
黒い縞模様
がある。

イタチは**1年に2回出産**し、
15匹ずつ、計**30匹**の
子どもを産むこともある。

スカンクの**黒白の縞模様**は
警告である。襲われると、
2本の**臭腺**から
ひどい悪臭の液を浴びせる。

スカンクは
2m離れた敵に**狙いを定めて**
くさい液を
飛ばすこと
ができる。

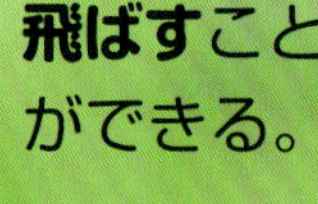

アライグマの
約**0.01%**は
アルビノで生まれ、
全身の**毛が白い**。

クズリは
小型のクマのような
外見だが、
全長**101cm**の
イタチ科最大の種だ。

イタチは
昼も夜も
狩りをし、
1日に少なくとも
5回食べる。

イイズナは
百発百中の
ハンターで、
自分の体重の
10倍もある
動物を
しとめる。

全長
30cmの
イイズナは
世界**最小の**
肉食獣だ。

アライグマは前足の力強く器用な5本の指でドアハンドルをまわしたり掛け金をはずしたりする。

Mysterious monotremes

単孔類

ハリモグラと、カモのようなくちばしをもつカモノハシはどちらも哺乳類だが、柔らかい殻の卵を産み、排泄も生殖もひとつの孔でおこなう単孔類に分類される。単孔類の動物はニューギニアとオーストラリアに分布する。ハリモグラは英語で「とげの生えたアリクイ」とも呼ばれる。カモノハシは平たいくちばしと水かきのついた足をもつ。

1日**8時間**以上のレム睡眠を記録したカモノハシは、他のどの哺乳類よりも**夢と関連づけられるような睡眠**をしている。

単孔類は**1億2,000万年**以上**前**に**進化した**と考えられている。**哺乳類の中でも最古のグループ**のひとつだ。

ハリモグラのメスはふつう1年に**1個の卵を産む**。

カモノハシには水かきのついた足が**4本**ある。

ハリモグラは長さ**15cm**のネバネバした舌でアリやミミズなどを捕らえる。

単孔類の仲間は**5種**いる。**ハリモグラが4種**と、**カモのようなくちばしをもつカモノハシ**だ。

平熱が**30℃~33℃**の**ハリモグラ**は哺乳類の中で**もっとも体温が低い。**

カモノハシには胃がないため、**毎日体重**の**30%**ほどの量を**食べなくてはならない。**

夜間に獲物を狩るとき、**カモノハシ**のオスは**10km**以上も移動することがある。

史上最大の卵生哺乳類は絶滅した**ジャイアントミユビハリモグラ**で、体重は最大で**100kg**あった。

カモノハシは単孔類の仲間でもっとも体重が軽い。**1kg**しかないオスもいる。

カモノハシのオスは**イヌを1匹殺せるほど**強力な**毒を分泌する****けづめを2本**もつ。

ハリモグラは**卵の殻を割る**ための**歯を1本**だけもって生まれる。孵化後に歯はなくなり、口の中の角質板を使って食べものをすり潰す。

カモノハシは卵が孵化するまで**地中**にある巣穴で**卵を抱く。****巣穴**は**30m**の長さにおよぶこともある。

ハリモグラの赤ちゃんは、**母親の袋**の中で**53日間**ほど過ごす。その後、体に鋭いとげが生え始める。

カモノハシのくちばしには**4万個の電気受容器**があり、**泥の中**にいる**獲物の動きを探り当てる。**

Four-legged pets

4本脚のペット

ネコとイヌはペットに申し分ない。世界中におよそ9億匹のイヌと6億匹のネコがいる。ペットの人気は国によって異なる。ブラジルやアルゼンチンなどではネコよりもイヌの方が多いが、日本や米国はネコの方が多い。多くの哺乳類がペットとして飼われている。

約**1万5,000年前**、**人間**は**オオカミ**を飼いならし、**ペットとして**飼育した。すべての**イエイヌはオオカミと同種**である。

もっとも背の高いイヌ、**米国**の**グレート・デーン**の**ゼウス**は肩までの高さが**111.8cm**もあった。

どのイヌにも**唯一無二**のものがひとつある――**鼻紋**である。この点で、人間の**指紋**と同じだ。

人間を除けば、**イヌ**は**北極点と南極点まで歩いて到達した**ことのある**唯一の哺乳類だ**。

ボーダーコリーはイヌの中で**もっとも賢い品種**とされる。約**250語を理解できる**。

スタッブスという名の**ネコ**はアラスカ州のタルキートナ市で**20年間名誉市長**を務めた。

飼いネコの寿命は
12~15年
ほどだが、
史上最長寿のネコ、
米国テキサス州の
クリーム・パフは
38年と
3日
生きた。

長毛種のネコの毛は
15cm以上
にもなる。
米国のソフィーという名の
ネコは毛の長さが
25.7cmあった。

ネコの中には、
エジプシャンマウのように
時速48kmで
走ることができる
種類もいる。

ネコは**生涯**の
およそ**3分の2**を
寝て過ごす。

猫の最小品種である
シンガポール原産の
シンガプーラは、
おとなのメスでも体重はわずか
1.8kg。

イヌの嗅覚は人間の40倍もすぐれている。

生まれたばかりの
子イヌは眼も見えず
耳も聞こえない。
眼が開くまで**2週間**、
音を聞き始めるまで
6週間かかる。

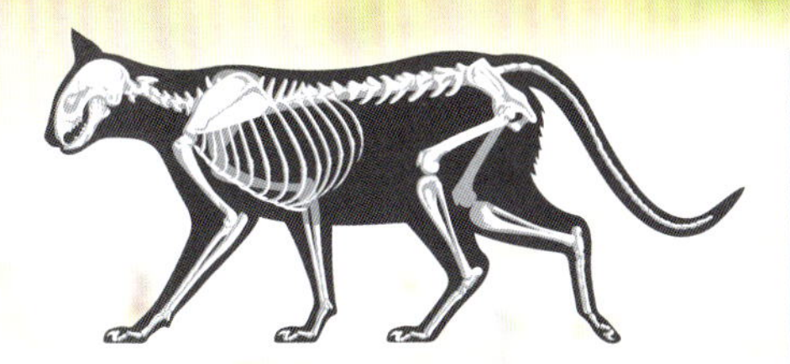

ネコは体に
230個の骨がある。
人間の骨は
206個だ。

フェレットの
心拍数は
毎分
約**300回**。
ネコの
心拍数は
毎分
120~160回。

チンチラは
陸生動物の中で
もっとも毛が
密生している。
人間は各毛穴から
生える毛は1本だが、
チンチラは
50本
以上生える。

用語集 Glossary

アルビノ
眼や皮膚、体毛の色を構成するメラニン色素を細胞が正常に生成できないため、体色が白またはピンク色の動物。

移動（渡り／回遊）
一般に食料の調達や繁殖などのため、季節などの変化により、定期的に動物がおこなう移動。鳥類は「渡り」、魚類と海生哺乳類は「回遊」という。

ウジ虫
ハエ、ハチなどの幼虫。脚はない。

羽毛
鳥類の体表を覆い、皮膚を保護して体温を保ち、体を流線形にし飛翔に適した体にする羽の層。

エイ類
ほとんどが海水種で、体はごく平たく、軟骨からなる骨格をもつ。

エコロケーション／反響定位
イルカやコウモリが物体の位置や方向、距離を探る手段。音響信号を発し、物体からはね返った反響を耳や他の感覚器で感知する。

えら
魚や他の水生動物が水から酸素をえるために使う器官。

オタマジャクシ
カエルの幼生で水中に住む。オタマジャクシは徐々に体を変化させて肺呼吸をする成体になる。

外骨格
無脊椎動物、特に昆虫類の体表を覆って、体を支え、保護する骨格。

海生
海に住むこと。海水種と淡水種を区別するために用いられる。

開張／翼開帳
鳥の翼、または昆虫の翅を広げたときの、一方の先端から他方の先端までの長さ。

カイメン
多孔性の体をもつ原始的な海生動物。

かぎ爪
下の方に曲がっている鋭い爪。鳥類と爬虫類、多くの哺乳類、いくつかの両生類に見られる。掘ったり、のぼったり、ひっかいたりするのに用いられる。

カモフラージュ
一般に皮・毛・羽の縞や斑点模様などで、動物を周囲の環境に溶け込ませる擬態。

求愛
交尾の前にオスとメスの間で交わされる行動。

胸部
四肢のある脊椎動物の場合は首と腹の間の部分。胸。節足動物の場合は脚と翅（存在する場合）がついている体の中心部。

棘皮動物
ウニやヒトデなど、海生の無脊椎動物の一門。成体の体は５放射相称を示し、体皮は石灰質で、とげをもつものが多い。

魚群
集団でともに泳ぐ多数の魚。魚群は単一種または異なる種で構成される。

クモ形類
クモやサソリなどの８本脚の無脊椎動物。

原始的
進化の初期の段階にあるため、形態や構造がより単純であるか最小限なもの。

原トンボ目
大型のトンボに似た姿をし、少なくとも３億2,500万年前にさかのぼる、高速で飛翔する昆虫。

甲殻類
カニやエビなど、固い殻（外骨格）と２対の触角をもつ、主に水生の節足動物。

骨格
骨または他の固い成分からなる、動物の体を支え、筋肉を付着させる構造体。

コロニー
ともに暮らす、同一種または複数種の動物の集団。

雑食動物
植物と動物の両方を食べる動物。

さなぎ
完全変態をする昆虫が幼虫から成虫へ変化する過程で、独特な覆いに包まれ、一種の休眠状態に入る成長段階。

紫外線
可視光線の紫色の光よりも波長が短い光線。見ることのできる動物もいるが、人間には見えない。

刺胞
棘糸胞とも。クラゲ、イソギンチャク、サンゴなどの体表にある小さな器官で、刺激を受けると糸を出して刺し、獲物を捕らえたり自衛したりする。

脂肪層
アザラシやクジラなど、海生哺乳類に見られる厚い脂肪の層。

刺包動物
サンゴ、イソギンチャク、クラゲなど、海水と淡水に生息する動物のグループ。

種
個体間で交配・繁殖可能な生物の集団。

授粉
新たな種子が作られるよう、花粉をある植物から別の植物へと運ぶこと。

受容器
振動、熱、光、音、化学物質など、特定の刺激を感知して反応する細胞または細胞群。

楯鱗（じゅんりん）
サメの皮膚を覆う、歯のような粗いうろこ。水の抵抗を減らし、サメが速く泳ぐことを可能にする。

触手
細長く、物をつかむことのできる付属肢で、捕食に使われることが多い。

触角
昆虫など無脊椎動物の頭部にある1対の感覚器官で、振動やにおい、味を探知するために使われる。

巣穴
小型の動物がすみかとして地中に掘る穴やトンネル。

スズメ目
全鳥類種の半分以上はスズメ目に属す。木にとまるのに適した趾（あしゆび）をもつため「とまり木にとまる鳥」とも呼ばれる。

巣立ち
ヒナが成長して、飛翔するのに十分な大きさに翼が生えそろい、巣を離れること。

生息地
動物が暮らす自然の環境。

生物
動物、植物、菌類など、生きているもの。

脊椎動物
背骨のある動物。

赤道
北極と南極から等距離にある想像上の線。赤道に近づくにつれ気温は高くなる。

節足動物
体節からなる体と、その外側を覆い保護する役目のある、外骨格と呼ばれる固い殻をもつ動物。

絶滅
完全にそして永久にほろび絶えること。絶滅種は、その種に属する生きた個体が存在しない。

絶滅危惧種
近い将来絶滅するおそれがある種。動物の場合、生息地の減少や密猟、外来種が原因で絶滅危惧種となることが多い。

腺
ホルモン、乳、あるいは汗などの特定の化学物質を生成分泌する器官。

先史時代
文字による記録・史料が存在する以前の時代。

草食動物
植物だけを餌にして生きる動物。

走鳥類
大型で首が長く、大部分が飛翔能力のない鳥類の総称。

祖先
ある動物が進化する前の段階の生物。

対趾足の鳥
４本の趾（あしゆび）が２本ずつ前方と後方に向いている脚をもつ鳥。

体節
節足動物や環形動物など、節に分かれた動物の体において、連続して連なる構成部分のひとつ。

卵

幼動物が中で発育する、固い殻（外皮）に包まれた皮膜。また、成熟したメスの体で作られる生殖細胞、卵（らん）。

デシベル

音の大きさや強度を測るために使われる単位。

電気受容器

電気信号と活動電流を感知する感覚器官。これを用いて動物は獲物の位置を突きとめる。

頭足類

イカとタコを含む海生の軟体動物のグループ。

動物プランクトン

プランクトンとは浮遊性の生物――その多くは微生物――で、開水域、特に水面近くを漂う。運動能力がある浮遊生物もいるが、ほとんどは小さすぎて強い流れにさからって進むことができない。浮遊性の動物は動物プランクトンと呼ばれる。

冬眠

寒い時期に不活発になるために心拍数と体温を下げること。

毒液を分泌する

自衛または狩りのために体内で毒を生成し、咬むか刺すことにより他の動物に毒液を注入する。

トン（t）

重さの単位で、1,000キログラム（kg）に相当。

トンボ目

肉食性の飛翔昆虫で大きなあごをもつトンボの仲間が属する目には、ラテン語で「歯をもつもの」を意味する学名（Odonata）がつけられている。

なわばり

動物の個体または集団が占有し、同種の他個体または他集団は排除される区域。

軟骨

脊椎動物の骨格の一部である、固く、柔軟な組織。サメやエイは骨格全体が軟骨でできている。

においづけ

異性を引きつける、なわばりを示す、または捕食者に近寄らないよう警告するために動物が分泌する独特のにおいで、尿に含まれることが多い。

肉食動物

肉だけを食べる動物。イヌなど食肉目に属す哺乳類のこともいう。

二枚貝

蝶番（ちょうつがい）で接続する2枚の貝殻に包まれた軟体動物。

ニュートン（N）

0.102重力キログラム（kgf）に相当する力の単位。

熱帯

赤道を中心に南北の低緯度地帯で、高温多湿を特徴とする。

熱帯雨林

降雨量が多く植物が繁茂する熱帯の密林。

生えかわり（脱皮、換羽）

節足動物では、成長に合わせ外骨格を脱皮すること。脊椎動物では、皮膚、体毛、羽毛が再生できるよう生えかわること。哺乳類と鳥類は、よい状態を保つため、または気候への適応や繁殖の準備のために毛や角、羽毛が生えかわる。

吐き戻し

呑み込んだ食べものを口の中に吐き戻す行為。鳥類はヒナに餌を与えるためにおこなう。

爬虫類

体は一般にうろこで覆われ、肺呼吸をする変温動物。多くは胎生ではなく、卵生である。

微視的

非常に小さいため顕微鏡でしか見ることのできないもの。

被食者／餌動物

捕食者に狩られ、殺され、食べられる動物。

一腹産子数

多胎動物で、一度の妊娠で生まれた子の数。

ひれ脚
海生哺乳類または爬虫類のひれ状の脚。

複眼
多数の小さな個眼が集まってできた眼で、各個眼にレンズがある。

腹足類
カタツムリや巻き貝、ナメクジなど、背骨のない軟体動物。

腹部
昆虫では、３つの部分からなる体の最後部。脊椎動物では、胴体の中で胃と腸がおさまっている部分。腹。

吻（ふん）
動物の鼻、または鼻のような形をした口器。液体を餌にする昆虫の吻は長細いことが多く、使わないときはしまうことができるのがふつうである。

ヘルツ（Hz）
周波数、振動数の単位で、多くの場合１秒間で伝わる音の振動数を表すために用いられる。

変態
動物が幼生とは異なる形態の成体へ変わること――イモムシがガになるなど。

捕食者
ライオンやオオカミなど、他の動物を狩って殺し、食べる動物。

哺乳類
背骨のある温血の動物。哺乳類は子を養うために乳を分泌する。

膜翅目
ハチとアリを含む昆虫のグループ。

繭
昆虫の幼虫がさなぎになるときに作る、さなぎを覆い保護する殻または袋状のもの。特に絹糸の原料となるカイコの作るものを指す。

無脊椎動物
背骨をもたない動物。

門歯
哺乳類のあごの前部にある歯。切歯ともいう。

夜行性
動物が夜間に活動する性質のこと。反対に昼に活動する性質は昼行性という。

有袋類
未熟な状態で生まれ、大きくなるまで母親の腹にある袋で過ごす哺乳類。

幼虫
多くの昆虫とその他の無脊椎動物が、卵から孵化してさなぎまたは成虫になるまでの未成熟の形態。

葉緑素
植物がもつ緑色の色素で、植物に色を与え、エネルギーと他の栄養素の吸収を助ける。

両生類
幼生期（オタマジャクシなど）は水中で過ごすが、成体になると肺呼吸をし、ある程度陸上でも生活する脊椎動物。

鱗甲／鱗板
カメの甲羅またはワニの皮膚に見られる、表面が角質層で覆われた骨性の板。

霊長類
ロリス、サル、類人猿、ヒトを含む哺乳綱霊長目に属す動物の総称。すべての種が前方に向いた眼と物を握るのに適した手をもつ。

濾過摂食者
小さな食物粒子を含んだ大量の水を摂取し、水から食物を濾し取ることで栄養を得ている動物。

ろ頂眼／頭頂眼
一部の脊椎動物の頭頂部にある眼。第三の眼とも言われる。

索引 Index

あ

アイアイ 140, 141
アイガモ 108
アオアシカツオドリ 117
アオウミガメ 71
アオサギ 113
アオザメ 47, 54
アオボウシケラインコ 95
アオメヒメバト 93
アカアシカツオドリ 117
アカエイ 48, 49
アカオノスリ 104
アカギツネ 149
アカコウモリ 147
アカハライモリ 68
アザラシ 134, 151, 152-153, 177
アジアゾウ 132
アシカ 152, 153
アシダカグモ 24, 25
アシナシトカゲ 76, 77
アデリーペンギン 120
アトランティックベイネットル 13
アナコンダ 74, 75
アナホリフクロウ 107
アブ 42, 43
アフリカオオヤスデ 27
アフリカ化ミツバチ 40
アフリカコビトリス 138
アフリカゾウ 132, 133, 177
アフリカニシキヘビ 74
アフリカハゲコウ 96, 112, 113
アフリカミツバカグラコウモリ 146
アベコベガエル 64
アベニーパファー 57
アホウドリ 118-119
アマウコビトガエル 64
アマゾンカワイルカ 172
アマツバメ 98-99
アムールトラ 154, 155
アムールヒョウ 155
アムステルダムアホウドリ 119
アメリカアカガエル 64
アメリカオオアカイカ 15
アメリカオオムラサキウニ 17
アメリカトキコウ 112
アメリカドクトカゲ 77
アライグマ 178-179
アラフラオオニシ 19
アリ 38-39, 40, 41
アリクイ 128-129
アリゲーター 78, 79, 80
アリスイ 102
アルゼンチンアリ 40, 41
アルダブラゾウガメ 70
アルプスサンショウウオ 69
アルマジロ 128-129
アレクサンドラトリバネアゲハ 32
アンコウ 52, 53
アンコシビレエイ 48
アンデスネコ 154
アンデスフラミンゴ 115
アンボイナガイ 19

い

イエアメガエル 66
イエスズメ 122
イエバエ 42, 43
イカ 14-15
イガイ 19
イグアナ 76-77
イザベラミズアオ 37
イシイルカ 172
イタチ 178-179
イッカク 172
イヌ
　—ペット 182-183
　—野生 149
イヌ科の動物 148-149
イノシシ 168-169
イモリ 66, 67, 68-69
イリエワニ 79, 80, 81
イルカ 172, 173, 177
イルカンジクラゲ 13
イワシ 51, 54, 59
イワシャコ 91
インドオオリス 138
インドリ 141
インパラ 167

う

ヴィサヤンヒゲイノシシ 168
ウェッデルアザラシ 153
ウォレスズ・ジャイアント・ビー 39
ウォンバット 126
ウコンノメイガ 34
ウサギ 136-137
ウシ 166, 167
ウシガエル 65
ウデムシ 23
ウナギ 53, 60, 61
ウニ 16, 17
ウバザメ 47
ウマ 157, 164-165, 167
ウミガメ 70, 71
ウミガラス 116
ウミスズメ 116
海鳥 116-117
ウミヘビ 73
羽毛甲虫 31
ウラバ・ルーゲンス 35

え

エイ 48-49
エゾアカヤマアリ 40
エチゼンクラゲ 13
エミュー 87
エンヒドリオドン・ディキケ 159

お

オウギバト 93
オウギワシ 105
オウサマペンギン 89
オウム 86, 87, 94-95
オウムガイ 14
オオアオサギ 113
オオアリクイ 129
オオアルマジロ 128
オオウミガラス 116
オオカバマダラ 32, 33
オオカミ 148-149, 182
オオカモメ 116
オオカワウソ 158
オオクチホシエソ 57
オオコウモリ 146
オオサンショウウオ 66, 69
オオシャコガイ 18, 19
オオソリハシシギ 120
オオチョウザメ 61
オオトカゲ 76, 77
オオハシ 94-95, 96
オオハチドリ 99
オオヒキガエル 64
オオフクロモモンガ 126
オオミズアオ 37
オオミヤマカミキリ 31
オオヤマセミ 101
オキアミ 20, 21
オグロジャックウサギ 137
オサガメ 70, 80
オシドリ 109
オットセイ 152, 153
オトメインコ 94
オナガカマハシフウチョウ 123
オナガキジ 90
オナガサイチョウ 100
オナガザメ 47
オナガバチ 38
オナガフクロウ 107
オニアオサギ 96
オニイトマキエイ 48, 49
オニオオハシ 95
オニキンメ 53
オニダルマオコゼ 57
オニハダカ 52
オミジカヒメオオトカゲ 76
オランウータン 142, 143
オリノコワニ 80

か

カ 42-43
ガ 34, 35, 36-37
カイコ 37
海水魚 50-51
カイマン 78, 79, 80
カイメン 10-11
ガウル 134, 167
カエル 64-65, 66
ガガンボ 42, 43
カキ 18, 19
カスリタテハ 32
ガゼル 157
カタクチイワシ 51
カタツムリ 18, 19
カツオドリ 116, 117
カツオノエボシ 12
カットバラングール 145
カナダガン 110
カニ 20, 21
カバ 134, 162-163
ガビアル 79, 80
カピバラ 138
カブトムシ 30
ガボンアダー 72
カマスサワラ 54
カモ 108-109
カモノハシ 180, 181
カモメ 116, 117
ガラゴ 140-141
カラス 122, 123

ガラパゴスオットセイ 153
ガラパゴスゾウガメ 71, 80
カワウソ 158-159
カワセミ 100-101
カワリボア 74
ガン 110-111
カンガルー 126, 127
カンガルーネズミ 139
ガンギエイ 48-49
カンジキウサギ 137
ガンマキンウワバ 37

き

キーウィ 86, 87
キガシラペンギン 89
鰭脚類 152-153
キサントパンスズメガ 36
キジ 90-91
キタユウレイクラゲ 12
キツツキ 102-103
キツネ 148-149
キツネザル 140-141
キティブタバナコウモリ 147
キノボリサンショウウオ 69
キボシサンショウウオ 66
吸血ガ 36
ギョウレツケムシガ 35
キョクアジサシ 120, 121
棘皮動物 16-17
巨大アシダカグモ 24, 25
魚類 44-61
キリン 134, 170-171
キンギョ 57
キングコブラ 72
キングバブーンスパイダー 24
キンビタイヒメキツツキ 102
キンムツ 51

く

クーガー 155
クシクラゲ 12
クジャク 90, 91
クジャクグモ 22
クジラ 21, 134, 135, 172-175, 176, 177
クズリ 179
クマ 134, 150-151, 153
クマゲラ 103
クマドリスミントプシス 126
クマノミ 57
クモ 22-25
クモザル 145
クラゲ 12-13
グレビーシマウマ 165
クロアシアホウドリ 118
クロエリハクチョウ 110
クロカイマン 80
クロコダイル 78, 80
クワガタムシ 31
グンカンドリ 96

け・こ

げっ歯類 138-139
コアホウドリ 118, 119
コアラ 126
コイ 60
コウイカ 14, 15
甲殻類 20-21
硬骨魚 50, 51
甲虫類 30-31
コウテイペンギン 89
コウノトリ 96, 112-113
コウモリ 146-147
コウモリダコ 15
コウヨウチョウ 122
コオバシギ 120
コガシラネズミイルカ 173
コガタペンギン 88
コキンチョウ 122
コキンメフクロウ 107
コシジロアナツバメ 99
コスメルアライグマ 178
コセミクジラ 175
コハクチョウ 110
コビトイノシシ 169
コビトカイマン 79
コビトカバ 162
コビトシジミ 32
コビトハチドリ 98, 99
コブガモ 109
コブハクチョウ 110, 111
コブラ 72, 73
コマドリ 123
コモドオオトカゲ 76, 77
コヨーテ 148-149
ゴライアスオオツノハナムグリ 31
ゴライアスガエル 65
ゴリラ 142, 143
コロブスモンキー 144
コンゴツメナシカワウソ 159
コンストリクター 74-75
コンドル 104

さ

サイ 134, 160-161
サイチョウ 96, 100, 101
サイレン 66, 69
サカサクラゲ 12
サキ 145
サギ 96, 112-113
サザングレートダーナー 29
サシハリアリ 39
サスライアリ 38, 39, 40
サソリ 23
ザトウクジラ 174
サバクキンモグラ 131
サバクヒタキ 120
サバンナゾウ 132, 133, 134
サビイロネコ 154
サボテンフクロウ 106
サメ 46-47, 54
サメハダイモリ 68
サラマンダー 66, 68, 69
ザリガニ 21
サル 144-145
サンゴ 10-11
サンショウウオ 66, 67, 68-69
サンバガエル 65

し

ジェンツーペンギン 88
シギ 96, 120
シダアンコウ 53
シナワニトカゲ 77
シマウマ 164-165, 167
シマスカンク 178
シマセゲラ 103
シモフリヒラセリクガメ 71
ジャイアントパンダ 150
ジャイアントミユビハリモグラ 181
シャチ 134, 153, 172, 173
ジャワサイ 160
ジュゴン 177
シュバシコウ 112
シュモクザメ 47
シュモクバエ 42
ジョウゴグモ 23
ショウジョウトキ 113
シルバーデバネズミ 139
シロアリ 40
シロカジキ 54
シロカツオドリ 116, 117
シロサイ 134, 160, 161
シロテテナガザル 143
シロナガスクジラ 21, 134, 135, 174, 175
シロハラサギ 113
シロビタイハチクイ 101
深海魚 52-53
ジンベエザメ 46, 47
シンリンオオカミ 148

す

スイギュウ 167
スカンク 178-179
スキンク 82, 83
スズガエル 66
スズメバチ 39, 40
スズメ目 122-123
スナガニ 21
スパーレルアカメアマガエル 65
スプリングボック 157
スマトラカワウソ 159

せ

セイウチ 134, 152-153
セーシェルサシオコウモリ 147
セグロサバクヒタキ 120
セッパリイルカ 173
ゼテクフキヤヒキガエル 65
セミクジラ 174, 175
セレベスヒゲイノシシ 169

そ

ゾウ 132-133, 134, 177
ゾウアザラシ 134, 152, 153
ゾウガメ 70, 71, 80
走鳥類 86-87
ソコトラノスリ 104
ソトイワシ 54

た

ダーウィンハナガエル 65
ダイオウホウズキイカ 14
ダイシャクシギ 96
タイパン 72
タイランチョウ 122
タイワンイトマキエイ 48
タカ 105
タカアシガニ 20

タコ 14-15
タスマニアオオザリガニ 21
タスマニアデビル 127
ダチョウ 86, 87
タツノオトシゴ 56
ダニ 23
タランチュラ 24
垂れ耳（ロップイヤー）ウサギ 136
単孔類 180-181
淡水魚 60-61

ち

チーター 155, 156, 157
チスイコウモリ 147
チチュウカイイボクラゲ 12
チャイロツグミモドキ 122
チャコリクガメ 71
チョウ 32-33, 34
チョウチンアンコウ 53
鳥類 84-123
チンチラ 183
チンパンジー 142, 143

つ

ツギオミカドヤモリ 82
ツキヒメハエトリ 122
ツナギトゲオイグアナ 76
ツノホウセキハチドリ 98
ツノメドリ 117
ツバメ 120, 122
ツマグロ 47
ツメバガン 110

て

テイオウキツツキ 102
テナガザル 143
デルコートオオヤモリ 83
デンキウナギ 60
テングザル 144
テントウムシ 30, 31
テンレック 130-131

と

トウゾクカモメ 116, 117
頭足類 14-15
トウブダイヤガラガラヘビ 73
動物プランクトン 13, 47
ドール 149
トカゲ 76-77, 82-83
トキ 112-113
毒 12, 14, 19, 21, 23, 24, 27, 35, 39, 56, 64, 66, 68, 72-73, 76, 77, 181
ドクハキコブラ 73
トビウオ 50, 54
トビネズミ 139
トムソンガゼル 157
トラ 154, 155
ドワーフシーホース 50
ドワーフピグミーゴビー 60
ドングリキツツキ 102, 103
トンボ 28-29

な

ナイルオオトカゲ 77
ナイルワニ 80
ナガスクジラ 174
ナキウサギ 136-137
ナキハクチョウ 110
ナゲキバト 92, 93
ナマケグマ 151
ナマケモノ 128-129
ナマケモノガ 36
ナマコ 16, 17
ナマズ 61
ナンベイオオヤガ 37

に

ニシオンデンザメ 46
ニシキヘビ 74, 75
ニシン 50
ニセチズガメ 71
ニチリンヒトデ 16
二枚貝類 18-19

ぬ

ヌー 157, 167
ヌタウナギ 52
ヌマワニ 80

ね

ネコ
　—ペット 182-183
　—野生 154-155
ネズミ 138, 139
ネズミイルカ 172, 173
ネズミフグ 56
熱帯魚 56-57

の

ノウサギ 136-137, 157
ノコギリエイ 48
ノスリ 104
ノドアカハチドリ 99
ノドジロミユビナマケモノ 129
ノビタキ 122
ノルウェーレミング 139

は

バートンヒレアシトカゲ 83
ハイイログマ 74, 150, 151
ハイイロミズナギドリ 120
ハイガシラアホウドリ 119
ハイギョ 60
バイソン 167
ハエ 42-43
ハエトリグモ 22
ハキリアリ 40
ハクジラ 172-173
パクスデルマヒレアシトカゲ 83
ハクチョウ 110-111
ハクトウワシ 104
ハグモス 34
ハゲワシ 105
ハコクラゲ 12
ハシビロコウ 96
ハシブトウミガラス 116
バショウカジキ 54, 55
ハセイルカ 172
ハダカデバネズミ 138
パタスモンキー 144
バタン 94
ハチ 38-39, 40
ハチドリ 98-99
爬虫類 70-83
ハツカネズミ 138, 139
バッタ 40
ハト 92-93, 105
パトゥ・ディグア（クモ） 23
ハナトゲアシロ 53
バビルサ 168, 169
ハヤブサ 104
ハラクロシボグモ 24
ハリオアマツバメ 99
バリケン 108
ハリセンボン 51
ハリネズミ 130-131
ハリモグラ 177, 180, 181
バルチスタンコミミトビネズミ 139
パロスヴェルデスブルー 33
反芻動物 166-167
ハンミョウ 30

ひ

ヒアリ 40
ビーバー 138, 158-159
ヒキガエル 64-65, 66
ヒクイドリ 86, 87
ヒグマ 151
ピグミーウサギ 137
ピグミーマーモセット 145
ヒゲイノシシ 168, 169
ヒゲクジラ 174-175
ヒゲペンギン 89
ビッグベリーシーホース 56
ビッグマウスバッファロー 60
ヒッコリーホーンドデビル 35
ヒツジ 166, 167
ピットヴァイパー 73
ヒト（人間） 143, 177
ヒトコブラクダ 170, 171
ヒトデ 16-17
ヒバリ 122
ヒヒ 144
ヒメアリクイ 129
ヒメアルマジロ 129
ヒメカモメ 116
ヒメショウビン 100
ヒメノコギリエイ 48
ヒメハリテンレック 130
ヒメミユビナマケモノ 129
ピューマ 155
ヒョウ 154, 155
ヒョウモンダコ 14
ヒョウモントカゲモドキ 82
ヒヨケムシ 24
ピラニア 57
ピラプタンガ 61
ピルバラニンガウイ 126
ヒレアシトカゲ 82, 83
ひれ脚類 152-153
ヒロオヒルヤモリ 83

ふ

ファラベラ 165
ブーラミス 127
フェネック 148, 149

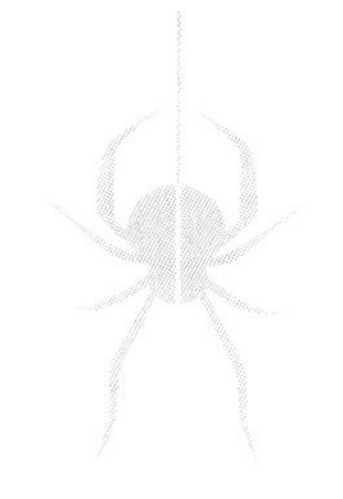

フェレット 183
フグ 51, 56, 57
腹足類 18-19
フクロアリクイ 127
フクロウ 106-107
フクロウオウム 86, 87, 95
フクロウナギ 53
フクロミツスイ 126
フクロモモンガダマシ 127
フサヤスデ 27
フジツボ 20, 21
ブタ 168-169
ブダイ 56
フタコブラクダ 170, 177
フタユビアンヒューマ 66
ブラックバック 157
ブラックピラニア 57
ブラックマンバ 73
フラミンゴ 96, 114-115
フリンジヘラオヤモリ 83
プレーリードッグ 139
プロングホーン 157
フンコロガシ 31
フンボルトペンギン 88

へ

平和のハト 92
ペキンアヒル 109
ベタ・スプレンデンス 57
ペット 182-183
ベニクラゲ 13
ヘビ 72-75
ヘラサギ 96
ヘラチョウザメ 61
ペリーカラスザメ 47
ペリカン 96, 97
ベルチャーウミヘビ 73
ベルテネズミキツネザル 140
ペルビアンジャイアントオオムカデ 26
ペンギン 87, 88-89, 120

ほ

ボアコンストリクター 74, 75
ホウコウチョウ 123
ホウジャク 36
ホエザル 144
ホオアカトキ 113
ボーダーコリー 182
ボゴンモス 37
ホシバナモグラ 130, 131
ホソクビゴミムシ 31
ホソハネコバチ 39
ホタテ 18, 19
ポタモガーレ 131
ホタル 30
ホッキョクウサギ 137
ホッキョクギツネ 148, 149
ホッキョククジラ 174, 175, 176, 177
ホッキョクグマ 134, 150, 151, 153
ホッキョクジリス 138
ホッキョクマルハナバチ 38
ポニー 164
哺乳類 124-183
ボノボ 143
ホホジロザメ 46
ホライモリ 66, 67

ま

マーモセット 145
マイマイガ 35, 37
マウンテンゴリラ 142, 143
マカジキ 54
マカロニペンギン 88
マグロ 54
マサイキリン 134, 171
マゼランヤマイグアナ 77
マダガスカルメジロガモ 108
マダニ 23
マダラウミスズメ 116
マダラコウモリ 146
マダラトビエイ 49
マツカサトカゲ 83
マッコウクジラ 173
マナティ 177
マメハチドリ 99
マリアナスネイルフィッシュ 52
マルハナバチ 38
マレーグマ 151
マンドリル 145
マンボウ 51, 56

み

ミサゴ 105
ミズガメカイメン 10
ミズグモ 23
ミズクラゲ 12
ミズダコ 15
ミズナギドリ 120
ミツクリザメ 47
ミツバチ 38, 39, 40
ミドリイシ 11
ミドリザル 145
ミナミウミカワウソ 158
ミノカサゴ 57
ミノバト 93
ミバエ 43

む

ムカシデメニギス 52
ムカデ 26-27
ムカデエビ 21
ムササビ 138
無脊椎動物 8-43
ムナフトキ 113
ムベンガ 61

め

鳴禽類 122
メカジキ 51, 54
メガネザル 140-141
メカジキ 51, 54
メキシコオヒキコウモリ 146, 147
メキシコキノボリサンショウウオ 69
メキシコサンショウウオ 69
メンフクロウ 107

も

猛禽類 104-107
モウコノウマ 164
モウドクフキヤガエル 64
モグラ 130-131
モグリチビガ 37
モンクアザラシ 153
モンダルマガレイ 51

や

ヤク 166
ヤシオウム 94
ヤスデ 26-27
ヤツガシラ 100
ヤツメウナギ 60, 61
ヤマアラシ 139
ヤマウズラ 90-91
ヤモリ 82-83
ヤリハシハチドリ 99

ゆ

有袋類 126-127
ユキヒョウ 154, 155
ユスリカ 42
ユッカガ 36

よ

ヨウスコウワニ 79
幼虫（イモムシ・毛虫） 34-35
ヨーロッパクロスズメバチ 40
ヨーロッパメンガタスズメ 37
ヨコヅナイワシ 52
ヨシキリザメ 54

ら

ライオン 154, 155, 157
ライラックニシブッポウソウ 100
ラクダ 170-171, 177
ラッコ 159
ラブカ 47
ラマ 170-171

り

リカオン 148, 149
リクガメ 70, 71
リス 138, 139
両生類 62-69
リョコウバト 92

る・れ・ろ

類人猿 142-143
ルブロンオオツチグモ 22, 24
レア 86, 87
レイヨウ（アンテロープ） 154, 157, 166, 167
レミング 139
ロウニンアジ 51
ローヤルアンテロープ 167
ロブスター 20, 21

わ

ワオキツネザル 141
ワシ 104, 105
ワシミミズク 106
ワタリアホウドリ 118
ワニ 78-79, 80, 81
ワライカワセミ 100, 101

謝 辞

本書の制作にあたり、ご協力いただいた以下の方々にお礼申し上げます。
索引作成:Marie Lorimer、校正:Nick Funnell、編集:Ruth Redford、デザイン:Andrew Fishleigh、Kate Ford、Terry Sambridge、Matthew Taylor、ジャケットデザイン:Tanya Mehrotra、Harish Aggarwal、画像調査:Sarah Smithies、校閲:Cathriona Hickey

図版クレジット
図版の使用をご承諾くださった以下の方々にもお礼申し上げます。

(凡例:a= 上部、b= 下部、c= 中央、l= 左、r= 右、t= 最上部)

4 NATUREPL.COM: Franco Banfi (crb); David Fleetham (tr). **5 ALAMY STOCK PHOTO:** Imaginechina Limited (cla). **GETTY IMAGES / ISTOCK:** Mark Kostich (tl); LaserLens (tr). **6 NATUREPL.COM:** Brandon Cole (b). **6-7 GETTY IMAGES:** Peter Darcy (c). **7 ALAMY STOCK PHOTO:** The Africa Image Library (tl). **8 NATUREPL.COM:** Rolf Nussbaumer (cra); Inaki Relanzon (br). **9 NATUREPL.COM:** David Fleetham (c).**10-11 ALAMY STOCK PHOTO:** gustavo adolfo rojas segovia (c). **12-13 NATUREPL.COM:** Barry Bland (cl). **14-15 NATUREPL.COM:** David Fleetham (c). **16-17 NATUREPL.COM:** Claudio Contreras (c). **18-19 NATUREPL.COM:** Bruno D'Amicis (c). **20-21 SHUTTERSTOCK.COM:** Tomas Drahos (c). **22-23 JURGEN OTTO. 24-25 LARS FEHLANDT. 26-27 NATUREPL.COM:** Tom Vezo (c). **28-29 GETTY IMAGES:** Alan Harris (c). **30-31 DREAMSTIME.COM:** Oleksii Kriachko (c). **32-33 GETTY IMAGES / ISTOCK:** GomezDavid (c). **34-35 SCIENCE PHOTO LIBRARY:** Science Photo Library (c). **36-37 NATUREPL.COM:** Thomas Marent (c). **38-39 NATUREPL.COM:** Ingo Arndt (c). **40-41 D-H CHOE LAB, UC RIVERSIDE. 42-43 SCIENCE PHOTO LIBRARY:** Kerem Bulur (c). **45 NATUREPL.COM:** Franco Banfi (c).
46-47 DREAMSTIME.COM: Frhojdysz (c).
48-49 NATUREPL.COM: Franco Banfi (c).
50-51 ALAMY STOCK PHOTO: Reinhard Dirscherl (c). **52-53 NATUREPL.COM:** David Shale (c). **54-55 NATUREPL.COM:** Pete Oxford (cr). **56-57 NATUREPL.COM:** David Fleetham (c). **58-59 AVALON:** Paulo de Oliveira (c). **60-61 NATUREPL.COM:** Olga Kamenskaya (c). **63 GETTY IMAGES / ISTOCK:** Mark Kostich (c). **64-65 NATUREPL.COM:** Rolf Nussbaumer (c). **66-67 NATUREPL.COM:** Wild Wonders of Europe / Hodalic (cr). **68-69 GETTY IMAGES / ISTOCK:** CreativeNature_nl (c). **70-71 NATUREPL.COM:** Tui De Roy (c). **72-73 NATUREPL.COM:** Robert Valentic (c). **74-75 GETTY IMAGES / ISTOCK:** Mark Kostich (c). **76-77 NATUREPL.COM:** Tui De Roy (c). **78-79 GETTY IMAGES:** kuritafsheen. **80-81 NATUREPL.COM:** Mike Parry (cr). **82-83 GETTY IMAGES / ISTOCK:** Claudia Cooper (c). **84 ALAMY STOCK PHOTO:** Imaginechina Limited (c). **86-87 NATUREPL.COM:** Ingo Arndt (c). **88-89 NATUREPL.COM:** Stefan Christmann (c). **90-91 ALAMY STOCK PHOTO:** Imaginechina Limited. **92-93 ALAMY STOCK PHOTO:** Mark Castiglia (c). **94-95 GETTY IMAGES / ISTOCK:** pchoui (c). **96-97 NATUREPL.COM:** Guy Edwardes (cr). **98-99 GETTY IMAGES / ISTOCK:** Ondrej Prosicky (c). **100-101 NATUREPL.COM:** Thomas Hinsche (c). **102-103 GETTY IMAGES:** sonnyrollins / Imazins (c). **104-105 GETTY IMAGES:** KenCanning (c). **106-107 GETTY IMAGES / ISTOCK:** Nature Photography (c). **108-109 SHUTTERSTOCK.COM:** Wang LiQiang (c).
110-111 NATUREPL.COM: Oscar Dewhurst (c).
112-113 NATUREPL.COM: Heike Odermatt (c).
114-115 NATUREPL.COM: Klein & Hubert (c).
116-117 NATUREPL.COM: Guy Edwardes (c).
118-119 ALAMY STOCK PHOTO: imageBROKER (c). **120-121 GETTY IMAGES:** jacquesvandinteren (cr). **122-123 GETTY IMAGES:** Jose A. Bernat Bacete (c). **125 GETTY IMAGES / ISTOCK:** LaserLens (c). **126-127 ALAMY STOCK PHOTO:** Imagebroker (c). **128-129 NATUREPL.COM:** Christophe Courteau (c). **130-131 NATUREPL.COM:** Chien Lee (c). **132-133 AWL IMAGES:** Nigel Pavitt (c). **134-135 NATUREPL.COM:** Alex Mustard (cr). **136-137 AWL IMAGES:** Nature in Stock (c). **138-139 ALAMY STOCK PHOTO:** Wild Dales Photography - Simon Phillpotts (c).
140-141 GETTY IMAGES / ISTOCK: LaserLens (c). **142-143 GETTY IMAGES:** Anup Shah (c).
144-145 NATUREPL.COM: Suzi Eszterhas (c).
146-147 NATUREPL.COM: Barry Mansell (c).
148-149 NATUREPL.COM: Tim Fitzharris (c).
150-151 NATUREPL.COM: Mitsuaki Iwago (c).
152-153 NATUREPL.COM: Franco Banfi (c).
154-155 AWL IMAGES: ClickAlps (c). **156-157 AWL IMAGES:** Jonathan and Angela Scott (cl).
158-159 GETTY IMAGES / ISTOCK: 4uves (c).
160-161 NATUREPL.COM: Suzi Eszterhas (c).
162-163 GETTY IMAGES / ISTOCK: mesut zengin (c). **164-165 AWL IMAGES:** Tim Mannakee (c). **166-167 GETTY IMAGES:** Etienne_Outram (c). **168-167 NATUREPL.COM:** Neil Aldridge (c). **170-171 NATUREPL.COM:** Hanne & Jens Eriksen (c). **172-173 GETTY IMAGES:** Stephen Frink (c). **174-175 NATUREPL.COM:** Luciano Candisani (c).
175-176 PAUL NICKLEN PHOTOGRAPHY, INC.
178-179 AWL IMAGES: ImageBROKER (c).
180-181 NATUREPL.COM: D. Parer & E. Parer-Cook (c)